図解と実践トレーニングでわかる!

ISO14001内部監査

株式会社ユニバース
子安伸幸 著

第一法規

はじめに
— PREFACE —

我々の活動によって、身の回りの自然環境や地球環境に変調が生じていることを、もう否定できなくなってきました。企業を中心とする組織の活動に、環境への対応を含めなければなりません。環境に配慮した製品やサービスでなければ、市場では評価されません。また、環境に関する法律やルールが守られていなければ、企業経営が傾くリスクになります。

ISO14001は、そんな時代を生き抜く組織のための、環境配慮型経営（環境マネジメント）のシステム（手法）の世界で唯一の国際規格です。よく練り上げられ、考えられている、すばらしいシステムです。「環境」を切り口にした、組織として確かに必要とされるマネジメントシステムですから、組織の体制構築のための手法としても大きな価値があります。

しかし残念ながら、ISO14001を導入している組織の方から、「よくわからない」「面倒くさい」という声も聞こえます。私は本書で、そんなISO14001の印象を変えたいと考えます。

本書は、内部監査員養成のためのプログラムとしてまとめています。この本を読み、トレーニングを通して得た知識がありさえすれば、内部監査員として十分な力量を持つことができます。同時にISO14001を正しく理解し、道具として活用するために必要な知識を整理してまとめています。

本書を手に取ったあなたの目的は、内部監査員であってもそうでなくても、あなたの所属する組織の環境マネジメントをよい方向に前進させることでしょう。あなたが、組織の環境パフォーマンスを向上させたいと思い、悩み、変えたいと感じた点があれば、必ずISO14001が味方になってくれます。私も、本書を通して味方になりたいと思います。

2020年9月
子安 伸幸

目　次

— CONTENTS —

環境に関わるキーワード

— KEYWORD —

環境への取組みは、組織の活動ごとに当然に違いがあります。ただし、SDGsへの取組みや、エネルギー使用に伴うCO_2の排出による地球温暖化への影響、廃棄物の排出など、多くの組織で対応しなければならない共通の課題があるのも事実です。

以下に、すべてではありませんが、環境に関わるキーワードを紹介します。それぞれの組織ごとに、取り組むべき課題は違いますが、最近のトレンドを含めて、把握しておいてください。これらのキーワードが示す課題に、環境マネジメントを行う組織がどのように関わるのか、また、それにどのように取り組んでいくのか考え、実行していくことこそ、環境マネジメントであるといえます。

分野	キーワード	解説
環境対策全般	SDGs	SDGsはSustainable Development Goalsのことで、持続可能な開発目標といわれる、国連サミットで採択された2030年までの国際目標です。 17のゴールから構成され、貧困や飢餓など、環境に関する内容以外の人権などに関する目標も含まれます。すべての組織が、その活動を通して、SDGsに貢献していくことが求められます。
	ESG投資	ESG投資は、従来の財務情報だけでなく、環境（Environment）・社会（Social）・ガバナンス（Governance）要素も考慮した投資のことを指します。環境への取組みも行わなければ、投資も得られないことを示す考え方です。
	持続可能な開発	環境だけでなく、社会、人権、教育などの、世界が抱える様々な問題解決を図る要素も含みますが、「環境によい開発」を言い換えたものと捉えることができます。1987年に環境と開発に関する世界委員会が公表した報告書「Our Common Future」の中心的な考え方で、「将来の世代の欲求を満たしつつ、現在の世代の欲求も満足させるような開発」のことをいいます。
	条例	都道府県や市町村などの地方公共団体が、自主的に制定する法規です。環境に関連する法令は、その地域の状況に合わせて、地域ごとの条例が定められていることが少なくありません。
	環境基本法	環境基本法は、日本の環境政策の根幹を定める基本法であり、環境基準の設定などがされています。環境基準とは、人の健康の保護及び生活環境の保全の上で維持されることが望ましい政策目標であり、これを維持するために、大気汚染防止法や水質汚濁防止法などの各種の環境法令が作られています。
	CSR	CSRは「Corporate Social Responsibility」の頭文字で、「企業の社会的責任」と訳されます。企業が自社の利益ばかりを追い求めるのではなく、ステークホルダーとの関わりを重視しながら社会をよくするために行動することであり、環境への取組みもCSRの一環だといえます。

温暖化対策	パリ協定	2015年12月、パリで開催された国連気候変動枠組条約締約国第21回会議（COP21）において採択された、2020年以降の温室効果ガス排出削減等のための新たな国際的な枠組み。先進国だけでなく、すべての国による取組みとしています。
	温室効果ガス	地表から放射された赤外線の一部を吸収することにより、温室効果をもたらす気体を指し、代表的なものは化石燃料の燃焼に伴って発生するCO_2（二酸化炭素）です。CO_2以外にも、メタンや代替フロン類などがあり、排出量がCO_2ほど多くなくとも、温室効果がCO_2の数十倍～数万倍にもなるガスもあります。
	RE100	RE100とは、企業が自らの事業の使用電力を100％再エネで賄うことを目指す国際的なイニシアティブであり、日本も含め、世界中の企業が参加しています。日本の環境省もアンバサダーとして参画しています。
	省エネ法	正式名称は「エネルギーの使用の合理化等に関する法律」。石油危機を契機として1979年に制定された法律ですが、温室効果ガスであるエネルギー起源CO_2の削減にもつながっています。工場・事業所のエネルギー管理・定期報告の仕組みや、自動車や電気機器などの省エネ基準におけるトップランナー制度などを定めています。
	フロン排出抑制法	正式名称は「フロン類の使用の合理化及び管理の適正化に関する法律」。フロン回収・破壊法が改正され、2015年から施行されています。現在、主に使われている代替フロンは、オゾン層の破壊性はありませんが、温室効果ガスとして、みだりに大気中に放出することが禁止されています。フロン類の充填回収業者の登録制度、再生・破壊業者の許可制度を定めています。家庭用の空調、冷蔵機器については、家電リサイクル法で回収されるため、主な対象は業務用のエアコンや冷凍冷蔵機器（第一種特定製品）であり、ユーザーは点検を行わなければなりません。
	カーボンオフセット	どうしても排出されてしまう温室効果ガスの排出分を、その他の活動によって、直接的・間接的に埋め合わせ（相殺）することです。すべて埋め合わせされることや、ライフサイクルの中で温室効果ガスの排出がゼロだといえることをカーボンニュートラルといいます。
廃棄物・リサイクル	3R（循環型社会）	限りある資源を有効に繰り返し使う社会（循環型社会）を作るための行動、Reduce（リデュース＝発生抑制）、Reuse（リユース＝再使用）、Recycle（リサイクル＝再資源化）の3つのRの総称。リデュース、リユース、リサイクルの順で優先順位をつけて取り組むことが、循環型社会形成推進基本法で定められています。
	廃棄物処理法	正式名称は「廃棄物の処理及び清掃に関する法律」。廃棄物の適正処理のルールを定める法律。一般廃棄物と産業廃棄物の区分や、処理業の許可制度、産業廃棄物における処理委託時の管理票（マニフェスト）制度などを定めています。
	リサイクル法	廃棄物の適正処理や発生抑制、リサイクル率の向上などを目的に、個別の対象ごとに処理の仕組みや、排出者の責任などを定めています。容器包装リサイクル法、家電リサイクル法、小型家電リサイクル法、建設リサイクル法、食品リサイクル法、自動車リサイクル法などがあります。

廃棄物・リサイクル	サーキュラー・エコノミー	循環型経済と訳されます。2015年に欧州委員会が「サーキュラー・エコノミー・パッケージ」で提唱した概念。あらゆる資源の効率的利用を進め、循環利用の高度化を図ろうとするもので、社会全体として廃棄物を出すことなく資源を循環させる経済の仕組みを指します。
	海洋プラスチック問題	海洋中にプラスチックごみが大量に流出、滞留していることによる環境問題。海洋生物が誤飲するだけでなく、波や紫外線の影響で5㎜以下になったマイクロプラスチックが、有害物質を吸着して生物濃縮されることにより、人体にも影響が及ぶことが指摘されています。2019年G20大阪サミットでは、2050年までに海洋プラスチックごみによる追加的な汚染をゼロにまで削減することを目指す「大阪ブルー・オーシャン・ビジョン」を首脳宣言の中に盛り込みました。
化学物質	PRTR制度	化学物質排出移動量届出制度。有害性のあるものとしてリストアップされた化学物質について、どのような発生源から、どれくらい環境及び廃棄物中に排出されたかのデータを国が把握、集計、公表する仕組みです。
	SDS制度	指定された「化学物質又はそれを含有する製品」（化学品）を他の事業者に譲渡または提供する際に、SDS（安全データシート）により、その化学品の特性や取扱いに関する情報を事前に提供することを義務付けるとともに、ラベルによる表示に努めることとした制度です。 PRTR制度と同じく、「特定化学物質の環境への排出量の把握等及び管理の改善の促進に関する法律」（化管法）により定められています。
	労働安全衛生法	労働者の安全や労働災害の防止を目的としている法律で、その趣旨は直接的に環境を保全することではありませんが、化学物質の取扱いの面からは、環境関連法令として捉える必要があります。化学物質を取り扱う際に、作業環境の整備や、作業主任者の選任、作業者への教育、健康診断の義務、リスクアセスメントの実施などを定めています。
	消防法	火災を予防することを目的としています。危険物（火災発生・拡大の危険性が大きいもの）などについて、貯蔵所の基準や届出、危険物取扱者の立会いなどを定めており、環境関連法令として捉える必要があります。
公害	典型7公害	公害とは、事業活動など人の活動に伴って、相当範囲にわたって、人の健康または生活環境に係る被害が生ずることです。典型7公害は、大気汚染、水質汚濁、土壌汚染、騒音、振動、地盤沈下および悪臭の7種類を指します。
	公害国会	1970年に開かれた臨時国会を指します。当時の公害対策を求める世論、社会的関心の高さにこたえて公害問題に関する集中的な討議が行われ、主要な公害関係法令が成立し、現在の公害対策規制の基礎がつくられたといえます。
	4大公害病	高度経済成長期に深刻な健康被害が発生したもの。熊本県の水俣湾で発生したメチル水銀汚染による「水俣病」、同じくメチル水銀汚染による新潟県の阿賀野川流域での「新潟水俣病」、三重県四日市市で発生した主に硫黄酸化物による大気汚染が原因の「四日市ぜんそく」、富山県神通川流域で発生したカドミウム汚染による「イタイイタイ病」の4つを指します。

公害	水質汚濁防止法	公害国会で制定された、公共用水域と地下水の水質汚濁の防止を図ることを目的としています。特定施設を有する事業場(特定事業場)から排出される水について、排水基準以下の濃度で排水することを義務付けています。特定施設を設置しようとする、または構造の変更をしようとする場合、あらかじめ自治体に届出を行う必要があります。事故時や緊急時の措置も定められています。
	土壌汚染対策法	土壌汚染の状況の把握と、健康被害の防止を目的に 2003 年に施行された法律です。水質汚濁防止法の特定施設の廃止時や、一定規模以上の土地の形質変更（盛土や切土など）を行う届出の際に自治体が必要だと判断した場合などに、土壌汚染の調査を行う必要があります。調査の結果、指定の基準を超過した場合は、汚染の除去等の措置が必要な区域として指定される仕組みが作られています。
その他	BCP	事業継続計画のこと。企業が、自然災害などの緊急事態に遭遇した場合、損害を最小限にとどめ、中核事業の継続や早期復旧をするために、平常時に行うべき活動や緊急時における事業継続のための方法、手段などを取り決めておく計画です。
	アスベスト	石綿（アスベスト）とは、天然に産する鉱物繊維のことで、耐熱性等に優れ、丈夫で変化しにくいという特性を持っているため、主に建築材料に使用されました。人がアスベスト繊維を吸入することで健康被害が発生することがわかっており、現在は使用されていません。建築物等に使用されたものを除去する際には、大気汚染防止や、労働安全の観点から、事前に届出が必要となる場合もあります。
	環境の日	６月５日が環境の日です。環境問題についての世界で初めての大規模な政府間会合である「国連人間環境会議」が、1972 年６月５日からストックホルムで開催されたことを記念して定められました。
	地球サミット	1992 年にブラジルのリオデジャネイロで開催された環境と開発をテーマにした国連会議「国連環境開発会議」。当時のほぼすべての国連加盟国 172 カ国の政府代表が参加し、持続可能な開発をキーワードとした「環境と開発に関するリオ宣言」が採択されました。また、気候変動を抑制するため、大気中の二酸化炭素濃度を削減する国際的な枠組みである「気候変動枠組条約」なども採択されています。
	生物多様性	地球上に多様な生物が存在している状態を指します。我々の活動は、生物多様性の恩恵を受けて成立しており、その保全は、食料や薬品などの資源の観点からも重要で、地球規模の環境問題として取組みが進められています。

本書について
— HOW TO —

・UNIT1 〜 4 の「図解」解説と、UNIT5 及び理解度確認テストの「実践トレーニング」で、構成されています。
・UNIT1 〜 4 で内容理解、UNIT5 で演習を行い、最後に「理解度確認テスト」によって技量を測定することを狙いとしています。
・本書で扱っている「ISO14001」とは、2015 年に第 3 版として発行された「ISO 14001:2015」を基に、技術的内容及び構成を変更することなく作成された日本産業規格「JIS Q 14001:2015」（環境マネジメントシステム―要求事項及び利用の手引）を参照しています。原文については、一般財団法人日本規格協会のウェブサイト（https://webdesk.jsa.or.jp/）にて販売されていますので、そちらからご購入ください。

UNIT 1

ISO14001とは「道具」である

UNIT 1では、まずISO14001の概要を解説します。
このUNITで理解してもらいたいのは、あくまでもISO14001は「道具」であるということです。
しっかりと内容を理解することは、内部監査においても重要ですし、本書のメインテーマでもあります。しかし、あくまでも道具ですから、それ自体が直接的に環境保全に貢献するものではありません。
UNIT 1を読むことによって、
・外部審査を受けることは必須ではない。
・ISO14001を知らなくても認証取得はあり得る。
ということを理解してください。
ISO14001は不要で意味がないものだと思う人もいるかもしれません。環境マネジメントを意味のあるものにするかどうかは、私たち自身にかかっています。
外部認証を受けるか否かにかかわらず、環境マネジメントに関わるすべての人に参考となる仕組みが、ISO14001なのです。

1 ISO14001はEMSの国際規格

ISO14001は国際規格であるとはいえ、あくまでも「システム」です。取り組むレベルや具体的な内容ではなく「やり方」を決めているだけなのです。

まず、「ISO14001とは何か」について確認します。一言で言うならば「環境マネジメントシステムの国際規格」です。環境マネジメントシステム（Environmental Management System）の頭文字をとって、EMSといいます。品質の場合はQMS（Quality Management System）です。

分解して考えましょう。

■ ISO14001とは

ISO14001とは、**環境マネジメントシステム**の**国際規格**である。（E＝環境、M＝マネジメント、S＝システム）

環境マネジメントとは	環境マネジメントシステムとは	国際規格とは
それぞれの組織・事業者が自主的に決める、環境に関する方針や目標。また、それらの達成に向けた取組みのこと。	左記の取組みを具体的に実行するためのやり方（体制や計画、手続き、仕組み）のこと。 （他の例） エコステージ、エコアクション21、KES	International Organization For Standardization（国際標準化機構）などの国際標準化団体が策定した規格。国際間の協力促進を図るために、世界的な標準化、規格化を目的とする。 （標準化しているものの例） ネジの寸法や信号機の色など

「環境マネジメント」とは企業などの組織が、環境に関して取組みを行うことを指します。「環境マネジメント」というと、難しいものに聞こえるかもしれませんが、どんな組織でも当然のようにやっていることです。

・電気代が高くてもったいないから、不要な電気は使わないようにしよう。

・法律で決められたルール、自治体が決めているごみの分別は間違えないようにやろう。

・何か買うならば、環境に配慮した企業から買うようにしよう。

これらは、企業の規模に限らず、また企業でなくても家庭でもやっている、環境に関する取組みです。すなわち、環境マネジメントです。

環境マネジメントは、単なる思いつきで取り組むのではなく、様々な要素を考えて決めていますよね。

・私たちの活動で環境への影響が大きいものは何だろう。それを優先して取り組もう。
・取り組むからには、目標を決めよう。やることを決めよう。誰が責任者か決めよう。
・うまくいかなければ、目標か、取組みを変えて、見直そう。

上記のような「やり方」がISO14001で定められている「システム」です。

なお、「環境」は、以下のように定義されています。

JIS Q 14001:2015　3.2.1　環境（environment）

大気、水、土地、天然資源、植物、動物、人及びそれらの相互関係を含む、組織（3.1.4）の活動をとりまくもの。
注記1　“とりまくもの”は、組織内から、近隣地域、地方及び地球規模のシステムにまで広がり得る。
注記2　“とりまくもの”は、生物多様性、生態系、気候又はその他の特性の観点から表されることもある。

ISO14001はその序文で「この規格の目的は、（中略）意図した成果を達成することを可能にする」といっています。

JIS Q 14001:2015　序文　0.2　環境マネジメントシステムの狙い

この規格の目的は、社会経済的ニーズとバランスをとりながら、環境を保護し、変化する環境状態に対応するための枠組みを組織に提供することである。この規格は、組織が、環境マネジメントシステムに関して設定する**意図した成果**を達成することを可能にする要求事項を規定している。

・環境パフォーマンスの向上
・順守義務を満たすこと
・環境目標の達成

少し言いすぎかもしれませんが、確かに規格で決められた「やり方」をしっかりやれば、必ず3つの意図した成果は得られます。

・環境パフォーマンスの向上 ＝例）エネルギー使用量を減らしてコストダウン
・順守義務を満たすこと ＝例）法令違反で逮捕されるリスク回避
・環境目標の達成 ＝例）内外から評価

一方で、EMSの規格の意図と、組織がEMSを導入する目的は必ずしも一致しない場合もあります。公益財団法人日本適合性認定協会（JAB）の調査報告書「ISO14001に対する適合組織の取組み状況」（2011年3月）によると、EMSの導入の目的は、「取引先、親会社等からの要求」や「参入条件の確保・拡大」と答えた組織もそれぞれ3割ほど存在しています。せっかく、（ややこしいですが）すばらしく、まとまったやり方があるのですから、そのよい部分を組織の中に取り込みましょう。

ISO14001は、組織にできないことを要求しません。環境対策を考えた時に、やった方がいいことのやり方を決めているだけなのです。

その意味で、ISO14001は道具なのです。道具ですから、道具に振り回されるのではなく、正しく使い方を理解して使いこなしましょう。

2 ISO14001はプロセスアプローチ

プロセスとは人々の業務そのものだといえます。プロセスを構築し、改善することが、組織の目的を果たすためには必要です。ISO14001の要求事項は、インプットやアウトプットそのものにはなく、プロセスに対してしかありません。

ISOマネジメントシステムは「プロセスアプローチ」だといわれます。

いろいろな意味で捉えられる表現ですが、「改善や成長のポイントは個人ではなくプロセスにある」と考えればよいと思います。

何か、業務上のミスが起きた際に、ミスをした犯人を見つけて注意することが、再発防止になるでしょうか。プロセスを見直さなければ、真の再発防止にはなりません。

・ミスが起こり得るならば、チェックの工程が必要なのではないか。

・ミスが起きた業務を行うにあたり、教育・研修が必要なのではないか。

・ミスが発生した業務の方法に問題があれば、そのものを改めることができないか。

上記のように、前後も含めたプロセスを改善することによって、マネジメント全体を改善していく考え方が、「プロセスアプローチ」だと考えます。

つまり、プロセスを構築し、改善することが、組織の目的達成につながるのです。

その意味で、ISOのマネジメントシステムであるISO14001はプロセスに対する要求事項であるといえます。

プロセスという言葉は、頻繁に登場しますので、その意味を正確に確認しておきましょう。プロセスを直訳すると、経過、過程、工程、手順、進行、成り行き、手続き……、などと様々な訳語になりますが、組織が導入するISO14001の運用においては、「業務」といってもいいでしょう。

JIS Q 14001:2015　3.3.5　プロセス（process）

インプットをアウトプットに変換する、相互に関連する又は相互に作用する一連の活動。

注記　プロセスは、文書化することも、しないこともある。

■プロセスとマネジメントシステム

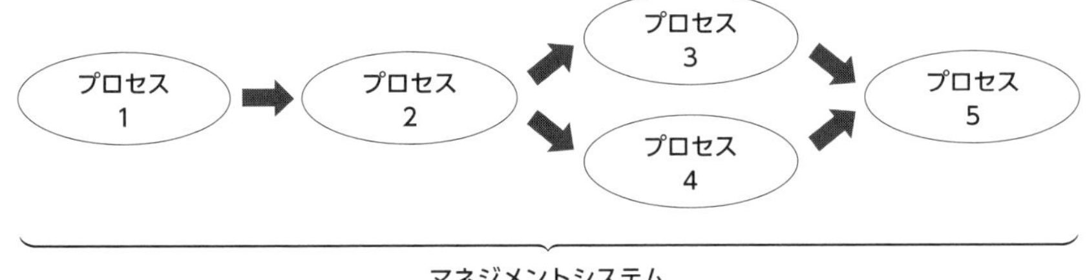

一人のある業務（プロセス）だけで､組織は成り立ちません。一人のある業務を受け、別の業務（プロセス）ができ、数々のプロセスを重ねて、組織の活動が出来上がっています。組織の活動は、たくさんのプロセスの集合体です。

プロセスは､必ず「インプット」と「アウトプット」があると考えることができます。プロセスはそれぞれインプットをアウトプットに変換することです。各プロセスをインプット / アウトプットの関係性でつないでいくとマネジメントシステムになります。

> JIS Q 14001:2015　3.1.1　マネジメントシステム（management system）
>
> 方針、目的（3.2.5）及びその目的を達成するためのプロセス（3.3.5）を確立するための、相互に関連する又は相互に作用する、組織（3.1.4）の一連の要素。
>
> 注記 1　一つのマネジメントシステムは、単一又は複数の分野（例えば、品質マネジメント、環境マネジメント、労働安全衛生マネジメント、エネルギーマネジメント、財務マネジメント）を取り扱うことができる。
>
> 注記 2　システムの要素には、組織の構造、役割及び責任、計画及び運用、パフォーマンス評価並びに改善が含まれる。
>
> 注記 3　マネジメントシステムの適用範囲としては、組織全体、組織内の固有で特定された機能、組織内の固有で特定された部門、複数の組織の集まりを横断する一つ又は複数の機能、などがあり得る。

なお､「プロセス」という言葉の定義は JIS Q 14001:2015 の 3.3.5 から引用しています。UNIT 2 から紹介していく規格の要求事項は 4.1 から始まりますので、その前の 3 項から引用していることを示しています。

規格（JIS Q 14001:2015）は 0 項から始まります。0 項は序文で、背景や環境マネジメントシステムの狙いなどが書かれています。1 項は適用範囲です。環境マネジメントを行う組織の適用範囲（4.3）ではなく、この規格の適用範囲について書かれています。2 項は引用規格ですが、「引用規格はありません」というように書かれています。3 項が用語及び定義で、用語の意味について解説するために、本書でも多く引用・掲載しています。用語は 4 つにグループ分けされており、3.1: 組織及びリーダーシップに関する用語、3.2: 計画に関する用語、3.3: 支援及び運用に関する用語、3.4: パフォーマンス評価及び改善に関する用語と分類されています。

3 MSSに基づく構成

ISOのマネジメントシステムは、共通の構成がMSS（Management System Standard、マネジメントシステムスタンダード）で規定されたことで、共通化が進んでいます。ISO14001も、2015年改訂で目次構成が大きく変化しました。

マネジメントシステムは、環境だけでなく品質、食品安全、情報セキュリティなど、固有の分野ごとに作られています。品質と環境のように、複数の規格を同じ組織で運用しているケースも多いでしょう。そんな組織で、環境マネジメントマニュアルと、品質マネジメントマニュアルが別々に作成されている場合もあります。

品質、環境などの各マネジメントシステムは、それぞれ視点が異なりますが、組織のマネジメントは1つです。何かの業務を行うときに、品質のことも、環境のことも、労働安全衛生のことも、情報セキュリティのことも、同時に考えますよね。マネジメントマニュアルが複数あることは否定されませんが、合理的ではありません。

MSSは、各種のISOマネジメントシステムの項目や構成を共通化するものです。ISO14001も2015年改訂で、MSSを採用し、目次構成が大きく変わりました。

■ MSSと各マネジメントシステムとの関係性

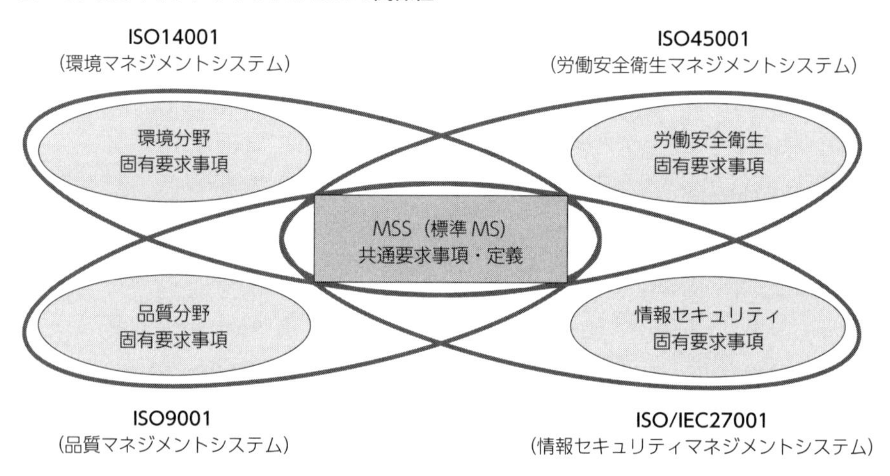

MSSの一例は、下の6.1です。XXXには、環境・品質など、各固有のマネジメントシステムの名称が入ります。各組織が複数のマネジメントシステムを導入する際に、同じ仕組みでマネジメントシステムの構築ができるように配慮されています。

ISO MSS上位構造、共通テキスト及び共通用語・定義（和訳）「6.1　リスク及び機会への取組み」

XXXマネジメントシステムの計画を策定するとき、組織は、4.1に規定する課題及び4.2に規定する要求事項を考慮し、次の事項のために取り組む必要があるリスク及び機会を決定しなければならない。

— XXXマネジメントシステムが、その意図した成果を達成できるという確信を与える。
— 望ましくない影響を防止又は低減する。
— 継続的改善を達成する。

組織は、次の事項を決定しなければならない。

a）上記によって決定したリスク及び機会への取組み
b）次の事項を行う方法
— その取組みのXXXマネジメントシステムプロセスへの統合及び実施
— その取組みの有効性の評価

下の表は、ISO14001の2004年版と2015年版の対応を示しています。2015年版より、他のマネジメントシステムと箇条番号がほぼ同様に設定されました。MSSで新たに共通定義された「リスク及び機会への取組み」などは新たな視点として追加されています。条項番号は変わっていますが、大きく要素は変更されていません。

■ **2015年版と2004年版の対比**

ISO14001:2015		ISO14001:2004	
箇条のタイトル	**箇条番号**	**箇条番号**	**箇条のタイトル**
組織の状況・組織及びその状況の理解	4.1		—
組織の状況・利害関係者のニーズ及び期待の理解	4.2		—
環境マネジメントシステムの適用範囲の決定	4.3	4.1	一般要求事項
環境マネジメントシステム	4.4	4.1	一般要求事項
リーダーシップ及びコミットメント	5.1		—
環境方針	5.2	4.2	環境方針
組織の役割、責任及び権限	5.3	4.4.1	資源、役割、責任及び権限
リスク及び機会への取組み・一般	6.1.1		—
リスク及び機会への取組み・環境側面	6.1.2	4.3.1	環境側面
リスク及び機会への取組み・順守義務	6.1.3	4.3.2	法的及びその他の要求事項
リスク及び機会への取組み・取組みの計画策定	6.1.4		—
環境目標	6.2.1	4.3.3	目的、目標及び実施計画
環境目標を達成するための取組みの計画策定	6.2.2		
支援・資源	7.1	4.4.1	資源、役割、責任及び権限
支援・力量	7.2	4.4.2	力量、教育訓練及び自覚
支援・認識	7.3		
コミュニケーション	7.4	4.4.3	コミュニケーション
文書化した情報	7.5	4.4.4	文書類
		4.4.5	文書管理
		4.5.4	記録の管理
運用の計画及び管理	8.1	4.4.6	運用管理
緊急事態への準備及び対応	8.2	4.4.7	緊急事態への準備及び対応
監視、測定、分析及び評価・一般	9.1.1	4.5.1	監視及び測定
監視、測定、分析及び評価・順守評価	9.1.2	4.5.2	順守評価
内部監査	9.2	4.5.5	内部監査
マネジメントレビュー	9.3	4.6	マネジメントレビュー
改善	10	4.5.3	不適合並びに是正処置及び予防措置

4 ISO14001に関する登場人物

ISOが策定した規格を基に、要求事項を満たしているかを審査する認証機関は、ISOが認めた認定機関が認定します。外部審査を受けて、認証を公表する意味はありますが、ISO14001は外部認証のためだけに使うものではありません。

ISO14001に関する登場人物、関係性を整理しておきましょう。

ISO14001の規格要求事項は、ISO（国際標準化機構）が策定しています。そのマネジメントシステムが定めている要求事項を満たしていることを、認証機関（審査機関）により認証する制度が確立されています。

日本では、公益財団法人日本適合性認定協会（以下、JAB）に代表される認定機関が、認証機関を認定し、認定された認証機関が組織を審査、認証することで、組織は規格の要求事項の基準を満たしていることを社会一般に公表することができます。海外にも認定機関が存在しており、相互承認されているため、どの認定機関による認証機関の認証でも、国内外問わず通用する仕組みです。

■ ISO14001の登場人物

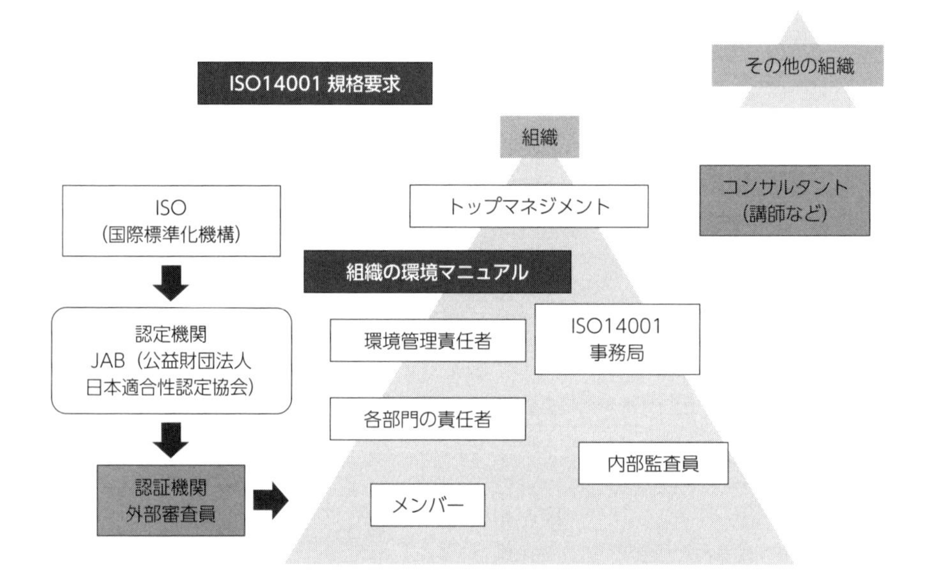

外部認証は、ここまでの説明のとおり、規格の基準が守られていることを認証するものであり、組織として必ずしも認証を受けなければならないものではありません。組織のマネジメントにおいて、ISO14001の仕組みを参考にすることは自由ですし、自ら確認して公表することで自己宣言をすることもできます。外部認証を受けることは、以下の効果があり、取引を円滑にしてさらなる拡大が見込める可能性があります。業務によっては、その認証が取引の条件になっている場合もあるでしょう。

①環境に配慮した継続的改善がシステムとして機能していることの証明
②環境法令の順守体制が整っていることを示すことによる信頼感の向上

取引において必要なので、認証取得することだけが目的になっている場合には、組織のメンバーが以下のような不満を持ってしまう場合もあるでしょう。

・ISO14001の認証のために、ムダな作業を行っている。
・なぜ、何のために行っているのか、必要性がわからない。
・改善につながっていない。

ISO14001をやらされていると感じている組織も、せっかくなら、道具として使いましょう。

各国の法規制、各自治体の条例、近隣住民との協定や利害関係者との契約などは、組織として、事業継続のために、必ず順守する必要があることです。この様々な約束を順守するための道具がISO14001の要求事項だといえます。

EMSの認証を取得することは、「道具を使えていることを社会的に証明する」ことです。つまり、社会または利害関係者から、環境関連法規制を順守する仕組みができていると、見てもらえることになります。監査／審査で是正指摘を受けた場合は、指摘事項の分析を行い、原因究明により、類似事象の防止・同一事象の再発防止ができます。

道具をうまく活用しなければ、道具の準備や作成だけに多大な時間と労力を使ってしまい、事業に貢献していないと組織内部から指摘されてしまいます。ISO14001を活用することは、組織にとって経営上の利点ももたらすものです。環境パフォーマンスの向上は、業務効率の向上やコスト削減につながります。法令の順守は、環境汚染や違法行為が発覚するなどの企業リスクの回避につながります。環境活動に対して継続的改善を行っていくことが、そのまま経営の継続的改善にもつながるのです。

5 適用範囲の考え方

ISO のマネジメントシステムを運用するためには、適用範囲を決めなければなりません。適用範囲をどのように決定するかは大切な要素です。

4.3 では、EMS の適用範囲を決定することを求めています。

JIS Q 14001:2015　4.3　環境マネジメントシステムの適用範囲の決定

組織は、環境マネジメントシステムの適用範囲を定めるために、その境界及び適用可能性を決定しなければならない。

適用範囲は、自由に決定することができます。企業として導入する場合、法人として適用範囲を設定することもできますし、工場や支店ごとに適用範囲とする場合もあります。工場などの場合、その敷地内に関連会社が同居していれば、法人の枠を超えて、その敷地内の組織全体を適用範囲としている場合もあるでしょう。

■ EMS の適用範囲

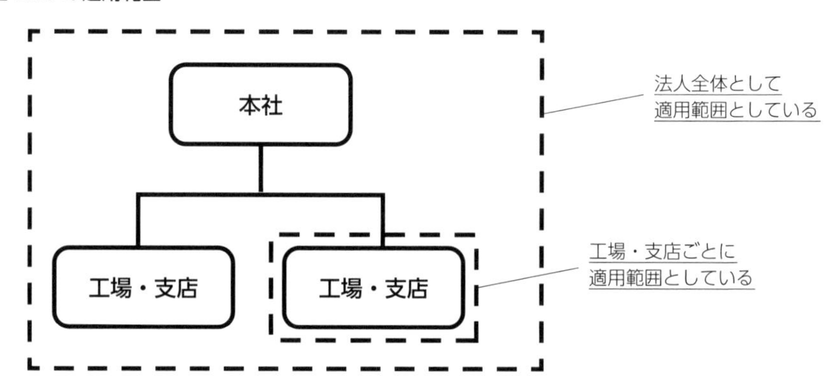

JIS Q 14001:2015　3.1.4　組織（organization）

自らの目的（3.2.5）を達成するため、責任、権限及び相互関係を伴う独自の機能をもつ、個人又は人々の集まり。

注記　組織という概念には、法人か否か、公的か私的かを問わず、自営業者、会社、法人、事務所、企業、当局、共同経営会社、非営利団体若しくは協会、又はこれらの一部若しくは組合せが含まれる。ただし、これらに限定されるものではない。

工場・支店ごとに適用範囲としている場合、その適用範囲におけるトップマネジメントは工場長、または支店長となるでしょう。

しかし、実質的には適用範囲外である本社など法人の方針が優先されるような感覚もあるかもしれません。このように、実務上の指示命令系統と、適用範囲内のリーダーシップが異なる場合もあるでしょう。その場合、適用範囲外の方針を受けて、適用範囲内のトップマネジメントが（そのまま）決定している、というように捉えます。

適用範囲をどう定めるかにかかわらず、環境への取組みはどのように決めているでしょうか。

環境への取組みについては表のように、本社統制型と拠点独立型と、大きく２つに大分されると考えられます。複数の拠点を持つ企業であれば、それぞれが必要な理由に示したとおり、両方の視点が必要なので、どちらの型がよいということはありません。

■環境の取組みにおける管理タイプの違い

本社統制型	管理タイプ	拠点独立型
本社が一括して管理 （本社がマニュアルを作る） （本社から環境監査がある）	環境に関する管理	それぞれの拠点が独自に判断 （本社からの指示や監査なし） （拠点間の連絡会を行う）
・企業全体としてのリスク ・法令改正が頻繁で複雑 ・企業全体としての報告義務 ・判断に迷う場合、業界団体や同業他社と共有した指針が必要　など	それぞれが必要な理由	・環境への負担が発生する現場である ・立地する自治体の条例など、現場ごとに適用される規制が異なる ・法令ではあいまいな点があり、現場ごとの運用を決定する必要がある

大切なのは、マネジメントの実態と異なる適用範囲を設定していた場合に、その違いを正しく理解することです。企業の場合、適用範囲を法人のすべての活動範囲だとしている場合には、法人のマネジメントシステムと完全に一致するため、ISO14001のマネジメントとのズレは起こりにくいと思います。しかし、そうではない場合も多いでしょう。

適用範囲は任意で設定できるため、そのズレが発生することは、問題ありません。そして、実際のマネジメントの手法が否定されることもありません。実際のマネジメントを優先しながら、適用範囲内でのマネジメントを整理していく必要があります。

適用範囲が、実際のマネジメントと大きく異なっている場合には、適用範囲そのものを見直すことも、一つの解決策になりえます。

6 適用範囲の中の活動単位

適用範囲の中には活動単位があると考えた方が、ISO14001 の運用が理解しやすいでしょう。活動の単位は、プロセスごとに決定してかまいませんが、組織体系と一致させるなど合理的に決めていくべきです。

■適用範囲と活動単位

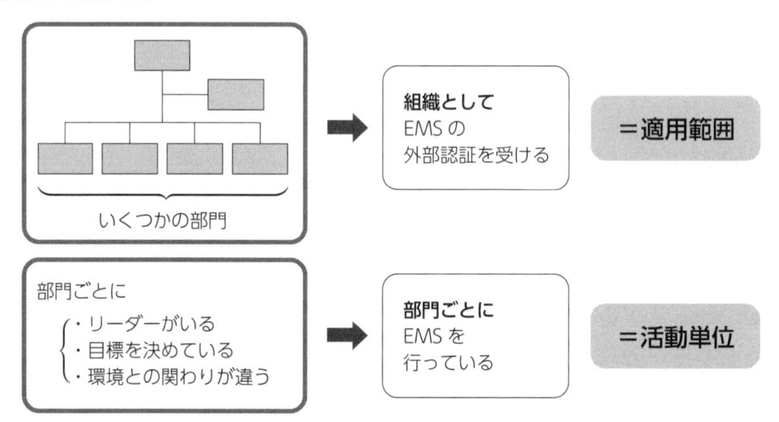

ある組織が、ISO14001 の認証を受けようとした場合には適用範囲を決定しますが、その適用範囲内において、いくつかの部門があることが多いでしょう。業務内容の違いによる組織の単位や、製品やサービスの違いに伴う単位、事業場の位置など物理的な単位等によって、部や課などが分けられていることと同じ考え方です。

規格の要求事項は、「組織は、○○を決定しなければならない」というように、組織に対して要求事項を定めています。これは、適用範囲全体として一つの要素を決定することでも問題ありませんが、適用範囲内のいくつかの部門ごとに決定することでも問題ありません。例えば、まったく異なる性質のサービスを提供している部門があった場合、それぞれの環境に関連する目標を共通化することは困難でしょう。また、それぞれの部門ごとの環境側面も異なると考えられます。それぞれの部門ごとに、ISO14001 の要求事項を満たしていく、つまり、部門ごとに EMS を行っているという状況も考えられます。これは、活動単位と捉えると理解しやすいと思います。

極端な例では、活動単位をいくつかに分け、それぞれ別々に EMS を構築することでも、問題ありません。

一方で、順守義務については、部門ごとではなく、適用範囲全体で管理するとか、マネジメントレビューは、適用範囲全体として実施するなど、ISO14001の規格要求事項ごとに、活動単位を変えることも問題ありません。

また、ある部門は、ある要求事項について関係がない、大きな影響がないといえる場合に、他の部門で実施することで適用範囲全体として実施したといえるならば、その要求事項について行わない活動単位があることも認められると考えます。

内部監査をどのような単位で実施するかについては、UNIT 3における監査計画で決定することですが、この活動単位ごとに実施することが多いのではないでしょうか。活動単位を見直すことは、組織全体で決定するべきことで、すぐに変更できない点かもしれませんが、それも監査における改善の視点になり得るという意味で、理解してください。

JIS Q 14001:2015　1　適用範囲

この規格は、環境マネジメントを体系的に改善するために、全体を又は部分的に用いることができる。しかし、この規格への適合の主張は、全ての要求事項が除外されることなく組織の環境マネジメントシステムに組み込まれ、満たされていない限り、容認されない。

上の文章から、ISO14001の規格要求事項は、部分的にもマネジメントに用いることができるとされています。よい考え方があれば、組織として参考にして導入することは自由です。ただし、外部認証を受けることを含めて、「ISO14001に適合している」と判断されるためには、すべての要求事項を満たしている必要があります。つまり、ISO14001を導入する組織であれば、適用範囲の中で規格要求事項が除外されるものはありません。

一方、すべての規格要求に対して、それぞれどのように対応していくのかは、様々な選択肢があります。適用範囲の全体としてまとめて実施するのか、活動単位ごとに実施するのか、などの選択です。そして、規格要求事項ごとに対応を変えてもよいのです。

7 マニュアルの意味と必要性

マニュアルとは、規格が要求する事項を文書化したものです。規格が要求する内容を組織が決定し、規格の要求事項をマニュアルとして文書化すれば、マネジメントシステムが機能します。

なぜ、マニュアルを作成するのでしょうか。マニュアル作成の目的は、組織で定めたルールをメンバーに確実に伝えて、運用することにあります。また、内部監査や外部審査に対応する目的もあるでしょう。

規格の要求事項と、環境マニュアルの例を比較してみましょう。

5.2 の環境方針を例にすると、ISO14001 では、トップマネジメントがそれを確立すること、文書化すること、組織内に伝達すること、利害関係者が入手可能であることを要求しています。

■ JIS Q 14001（ISO14001）

5.2　環境方針
　トップマネジメントは、組織の環境マネジメントシステムの定められた適用範囲の中で、次の事項を満たす環境方針を確立し、実施し、維持しなければならない。

a）～e）省略

　環境方針は、次に示す事項を満たさなければならない。
— 文書化した情報として維持する。
— 組織内に伝達する。
— 利害関係者が入手可能である。

■環境マニュアルの例

・トップマネジメントは、●●である。
・環境管理責任者が環境方針の原案を作成し、トップマネジメントが承認する。
・毎年○月に定期的に見直しする。
・決定した環境方針は、ウェブサイトに公開する。

その要求事項を、どのように果たすのか、組織としては、文書化するか否かにかかわらず、ルールを決める必要があります。ルールを文書化したものがマニュアルだといえます。

ですから、マニュアルにおいては、

・誰がトップマネジメントなのか。

・どんな手順で環境方針を作成し、決定するのか。

・見直しをいつ誰が行うのか。
・どのように利害関係者が入手可能な状態とするのか。

など、規格要求に対して、具体的にどのように運用するのかを定めることになります。

一方で、外部審査においては、マニュアルがあるから要求事項を満たしているとはなりません。実際に環境方針が確立されていること、周知されていること、公表されていることなどの事実をもって審査することになります。この際、マニュアルがあれば、監査を受ける組織としては、誰がインタビューを受けても「マニュアルのとおりに●●しています」と説明することができるのです。

どのようにマニュアルを作成するのか、作り方にルールはありません。

規格の構成に合わせると、規格要求事項との対応は明確になりますが、合わせる必要もありません。重要なのは、組織として運用しやすいか、やるべきことを確実に実行できるものになっているかという点です。

＜マニュアルを作成する際に判断が分かれるポイント＞

・構成（規格の条項番号に沿う、EMSの手順に沿う、事業プロセスに沿う、統合するなど）
・帳票類・二次文書の考え方（ひな型をどこまで徹底させるか、詳細な手順書などを別の文書に分けて作成するかなど）
・読みやすさの工夫（図や表を入れる、プレゼンテーション形式にするなど）
・要求事項を網羅するか／どこまで解説を加えるかなどの表現（対象は誰かなど）

組織のメンバーがマニュアルを読んで理解できなければ、マニュアルは役に立ちませんし、業務から形骸化してしまいます。ISO規格では、規格とマニュアルの言葉を同じにする必要がなく、すでに社内ルールである程度仕組みがあるのであれば、「既存のルールによる」とマニュアルに記載し規格との互換表を作成すれば、組織の人々が「プロセス（業務）」を理解しやすいでしょう。

マニュアルを読んで業務を進めることができ、その通りに業務を進めれば規格要求事項を満たせるものになっていることが重要です。その範囲であれば、マニュアルの中でどのような工夫をしてもよいのです。

8 有効なマネジメントシステムの実践とは

特に ISO14001 の運用を長く行っている組織は、適合しているかどうかは特に問題とならないことが多いでしょう。規格への適合性ではなく、いかに有効に EMS を進めていくかを主眼に置く、有効性の視点が必要です。

例えば、環境目標を達成している、という組織の状況を監査した際、目標について文書化されていない状況や、環境方針が定められていない状況があれば、それは規格要求事項に対して不適合だといえます。ただ、そんなことは実際にはほぼないですよね。特に、長年 ISO14001 の運用をしている組織において、規格要求事項に大きな欠落があることは考えにくいでしょう。監査では、規格への不適合がないかを発見する適合性監査の視点は必要ですが、適合性監査のために監査の時間の多くを費やすのは、もったいないことです。

適合であることを前提に、EMS の有効性を指摘したり、組織とともに考えていく改善を行っていきたいものです。わかりやすい例では、目標を達成できているから OK ではなく、目標の設定が組織の目指す方向に合わせて適切であったか、ということの方が重要になってきます。また、環境への負荷や組織としてのメリットが大きくない要素に対する目標をいくら達成したところで、それは本質的なマネジメントではありません。

■監査の視点

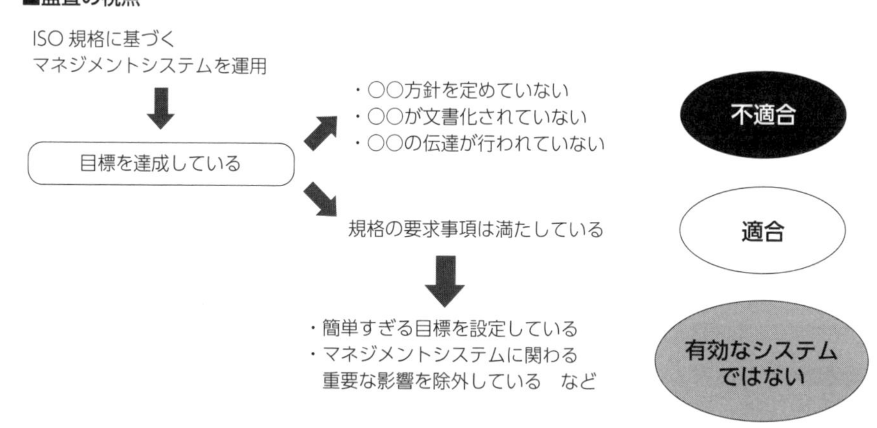

そこで、適合性を監査する観点ではなく、有効性も監査する観点が必要になります。

JIS Q 14001:2015　3.4.6　有効性（effectiveness）
計画した活動を実行し、計画した結果を達成した程度。

≒どれだけ効果があるか

有効性の監査には二つの考え方があります。結果とシステムの側面です。結果とは、環境パフォーマンスの向上の観点です。活動の規模が小さくなる場面で、環境負荷の総量が減ることは当然です。環境負荷の総量削減を目標にすることは、活動規模を小さくすることで達成できる可能性があります。活動規模を小さくすることは、組織として目指す方向と一致するでしょうか。もちろん、一致する場合もあるのは事実だと思いますが、組織としての成長を目指しながら、環境パフォーマンスの向上を目指す意味では、適切ではない可能性があります。

また、システムの有効性とは、一言で言えば、ムダな活動が起きていないかという視点ともいえます。環境への取組みは、今の活動を制限して達成するものではありませんし、ISO14001の外部認証は、組織にとって不要な活動を求めているものでもありません。組織の方向性と一致した取組みになっているか、そのためにすべきことを追求していく姿勢が必要です。

■適合性監査と有効性監査

適合性監査	監査証拠を収集し、監査基準が満たされている程度を判定する （客観的に評価する）
➡ 有効性監査 （結果の有効性）	マネジメントシステムによって「期待される結果」が出せているか ⇒管理指標は適切か （単月／累計、原単位の分母の選択などデータ分析の方法） ⇒目標値は適切か （例：当然に達成できる目標値ではないか）
➡ 有効性監査 （システムの有効性）	マネジメントシステムは効果的に働いているか ⇒取組みの内容は適切か ⇒システムの運用に「ムダ」はないか ⇒とられた処置は再発防止になっているか

環境によい活動は、持続可能な（＝サステナビリティ）という表現で示されます。

持続可能な開発の定義は、「将来の世代の欲求を満たしつつ、現在の世代の欲求も満足させるような開発」であるといえます。現在の我々の欲求を削っていくことではありません。

9 ゼロからの認証を目指すアドバイス

EMSの認証を新たに取得したいと考えた場合、新たに環境マニュアルを作成すること、またその目的でコンサルティングを受けることはお勧めできません。既存の取組みをもとにして、ギャップを埋めていく形が最適です。

下の図で、ISO14001のポイントを整理しました。環境に関わるリスクや機会を洗い出し、環境に影響を与える組織の活動（環境側面）と環境法令や対外的な約束（順守義務）を整理して、それらにどのように取り組むことで、環境に配慮しながら組織としての目的を達成していくかを考えていきます。認証を受けているかに関わらず、あらゆる組織は、そのとおりの用語は使用していなかったとしても、環境マネジメントとしてやっていることです。

■EMSのポイント

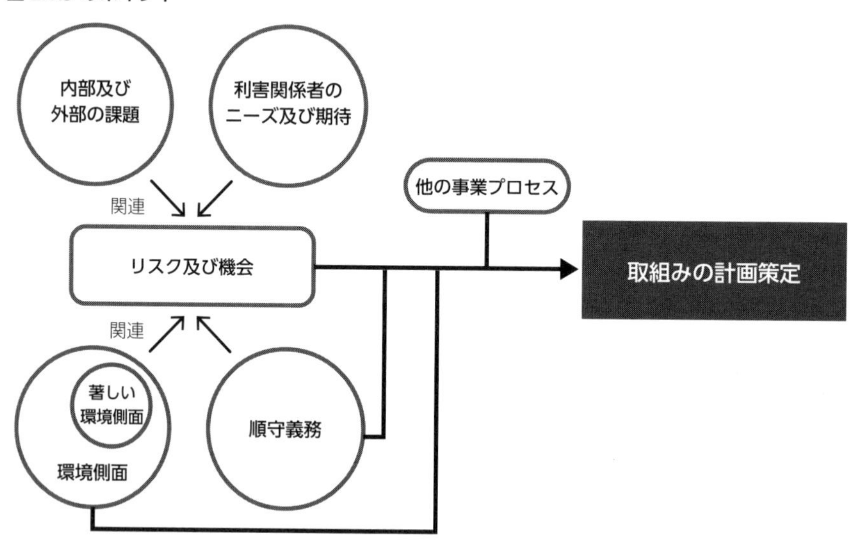

仮に企業ならば、環境に関連するリスクにどう備えて、機会を最大限活かすのか、当然考えなければなりません。

環境側面＝環境に負荷をかけている私たちの活動は何か、そこを考えるところからコスト削減や環境保全につながります（詳しくは 52 頁参照）。
順守義務＝法律や取引先から求められるルールのことであり、守るのは当然に必要なことであり、すでにやっていることです（詳しくは 56 頁参照）。
ISO14001 を知らなくても、この環境対策が必須の時代に、組織ならば当然やっていることがあり、その取組み方を体系化したのが、ISO14001 だといえます。
もし、ISO14001 の規格要求事項として求められているのに、実施していないことがあれば、それは組織のマネジメントとして抜け落ちている大事なことかもしれません。
あるいは、明確に意識していないだけで、レベルの違いこそあれ、実施しているものかもしれません。レベルの違いとして、わかりやすいのは文書化しているか否かです。ISO14001 では、一部のプロセスにおいては、伝達・共有のためにも重要な意味を持つがゆえに、文書化することが要求されているプロセスもあります。

ISO14001（環境マネジメントシステム）とは、その名のとおり、「環境に配慮した企業経営のやり方」です。その意味で、環境に配慮した企業経営をしていれば、ISO14001 を知らない組織も、適合しているものです。
つまり、ISO 規格要求を基に組織のルールを構築するのではなく、組織の既存のルールを、ISO 規格要求事項の考え方を参考に合わせていくと考えていくべきです。
もしこれから ISO14001 の認証を新たに目指す組織に私がアドバイスをするならば、以下のような考え方で進めていきます。
まず、現状のマネジメントのままで、プレ外部審査を行うようにして、ISO14001 の要求事項とのギャップを確認します。ISO14001 の認証のためだけに行うプロセスをなくすためです。
ギャップを確認すると、すでに規格要求を満たしているものもあると思います。例えば、環境に関連する目標を立案し、その進捗管理を行っていることなどが考えられます。この時、規格の名称にとらわれる必要はありません。組織内で、規格の名称とは異なる運用をしていても、内容として対応ができていれば、問題ありません。
実施しているといえるが不十分な点があるものは、修正を行います。規格が要求するということは、環境マネジメントに重要な意味があるプロセスだと捉えて、改善するのです。プロセスとして欠落しているものがあれば、新たに実施することを考えますが、規格の狙いを考えて、自社の取組みにあった形にします。
そして、それぞれの対応について、規格要求事項との対照表を作成するとよいでしょう。もちろん、対照表を作成することは必須ではありません。外部審査の場面で、環境マニュアルも対照表もなかったとしても、審査員からのインタビューに回答していくことで、審査を進めていくのが本質的な外部審査です。ただし、その場合、規格との対応を確認するためだけに、必要以上に時間が取られてしまう可能性があります。内部監査や外部審査の場面において、規格の要求するプロセスは、組織内で行うプロセスのどれに該当するのか整理されていると、理解が進み、本質的な改善に着手できる時間が確保できます。

環境マニュアルを作成することも選択肢としては考えられますが、ISO14001の認証取得ではなく、事業プロセスを中心にマネジメントを進める観点から、対照表で十分であると考えます。

■新たに認証を目指すなら

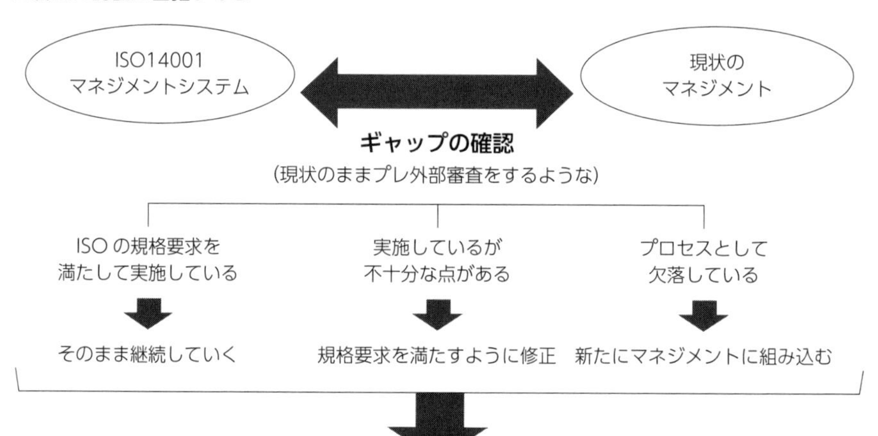

対照表の作成

規格の要求事項	どのように対応しているか
4.1	（例）・経営会議資料の○○が該当する
4.2	（例）・事業年度ごとに作成するステークホルダー分析表が該当する
・ ・ ・	・ ・ ・

UNIT 2
規格要求事項の理解

UNIT 2 では、ISO14001 の規格要求事項を理解していきます。
ISO14001 の内部監査ですから、その規格に適合しているかどうかを判断することが基本になります。当然、規格要求事項を理解していなければ、内部監査はできません。
規格要求事項は、4.1 から 10.3 まで、条項番号ごとに分かれています。
一つひとつの条項番号ごとの内容を理解することも重要なので、各条項番号ごとに解説があります。
しかし、その内容をすべて暗記する必要はありません。全体的な流れや、条項番号と条項番号の関係性を把握することが重要です。
まず、規格の全体の説明、その後に 4 ～ 10 の大分類の説明、その後に、4.1 から順に、規格要求事項の内容の解説と進んでいきます。
多くの主要な条項番号については、それぞれ規格の要求に対して適合か否かを判断するクイズがあります。クイズも含めて、理解を深めていきましょう。

1 規格要求事項の全体構成は PDCA

4.1 から始まる規格要求事項を把握するにあたって、4 ～ 10 の大分類そのものの関係性を覚えましょう。PDCA サイクルになっています。PDCA を繰り返すことにより、継続的改善が行われます。

すべてのマネジメントシステムは、PDCA サイクルを中心に構成されています。PDCA とは、Plan（計画）、Do（実行）、Check（評価）、Action（改善）の頭文字を取ったものです。

このあとで 4.1 から順に内容を確認していく規格の要求事項も、右の図のとおり、全体で PDCA サイクルとなっています。図中の（4）（5）などが、条項番号の大分類を示しています。0 ～ 3 は、序文、適用範囲、引用規格、用語及び定義であり、要求事項ではありません（詳しくは 5 頁参照）。

4 は、PDCA サイクルの外側に位置し、組織の活動の前提となる要求事項にあたります。

5 は、PDCA サイクルの中心に位置するように、PDCA のプロセスそのものではなく、PDCA の中心となる、トップマネジメントの行動に関する要求事項です。

本格的な PDCA サイクルの要求事項は、6 から始まります。

組織の活動はすべて、「意図した成果」に向かいます。EMS の意図した成果とは、環境パフォーマンス向上・順守義務を満たす・環境目標の達成の 3 つです。

組織の活動全体が、意図した成果というアウトプットを出すための大きな一つのプロセスだと考えてもよいかもしれません。そのプロセス（組織の活動全体）を分解して、「意図した成果を出すためには、PDCA の繰り返しだよね」といわれることは、当然のことだと思います。

6 で、環境目標を決定するなど、計画（Plan）し、7・8 で、メンバーを教育することなども含めて、実施（Do）し、9 で、内部監査・マネジメントレビューをすることを含めて、評価（Check）し、10 で、不適合に是正処置をすることを中心に、改善（Action）する、という構成になっています。

■ PDCA とこの規格の枠組みとの関係

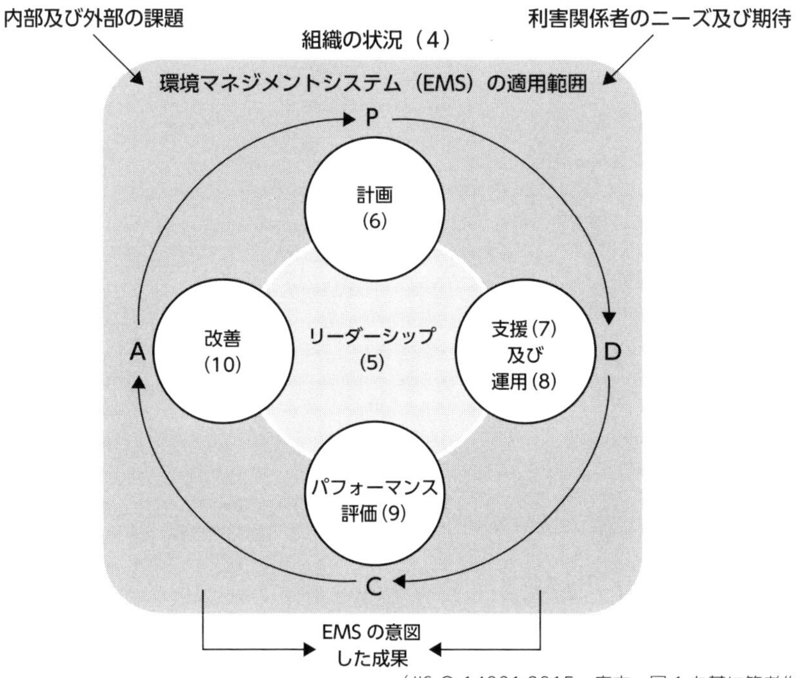

（JIS Q 14001:2015　序文　図 1 を基に筆者作成）

全体の構成として 6 ～ 10 の要求事項が PDCA になっていますが、一つひとつの条項番号が完全に PDCA の一つの要素だけに該当するわけではありません。例えば、「9 パフォーマンス評価」の要求事項には、評価（C）した上で、必要な場合に措置をとる要素も含まれています。これは PDCA サイクルでいえば、改善（A）に当たります。

また、組織のマネジメントに着目すると、4.1 → 4.2 → 4.3 →のように、規格の条項番号に沿って順にマネジメントしているとは限りません。ですので、条項番号の順にマネジメントシステムを構成する必要はまったくなく、内部監査においても、条項番号の順に行う必要はありません。

逆に、だからこそ、規格の全体像を把握しておくことが必要になるでしょう。

EMS の PDCA は、1 年かけて回すと理解されることが多いかもしれませんが、それも違います。確かに内部監査やマネジメントレビューは、1 年ごとに実施するとしている組織が多いでしょう。その意味の PDCA サイクルは 1 年です。一方、環境にも影響があり得るトラブルがあったら、当たり前ですが、すぐに対処しますよね。トラブルがある⇒改善する⇒作業方法を見直す⇒関係者に伝える、といった一連の対処も PDCA サイクルです。

2 サーキット図で捉えるISO14001

規格が要求している条項番号は、図のようにPDCAサイクルを構築するように関連しています。PDCAサイクルは、サーキットのコースのように何重にもぐるぐると回っているものだと捉えてください。

ここからは、4.1から始まる条項番号ごとに、その内容を解説していきます。条項番号の要求事項がどのような内容なのか把握していきますが、全体のPDCAサイクルの流れも意識しながら、全体の中でどこに位置するかを意識しながら進めていきましょう。

■サーキット図

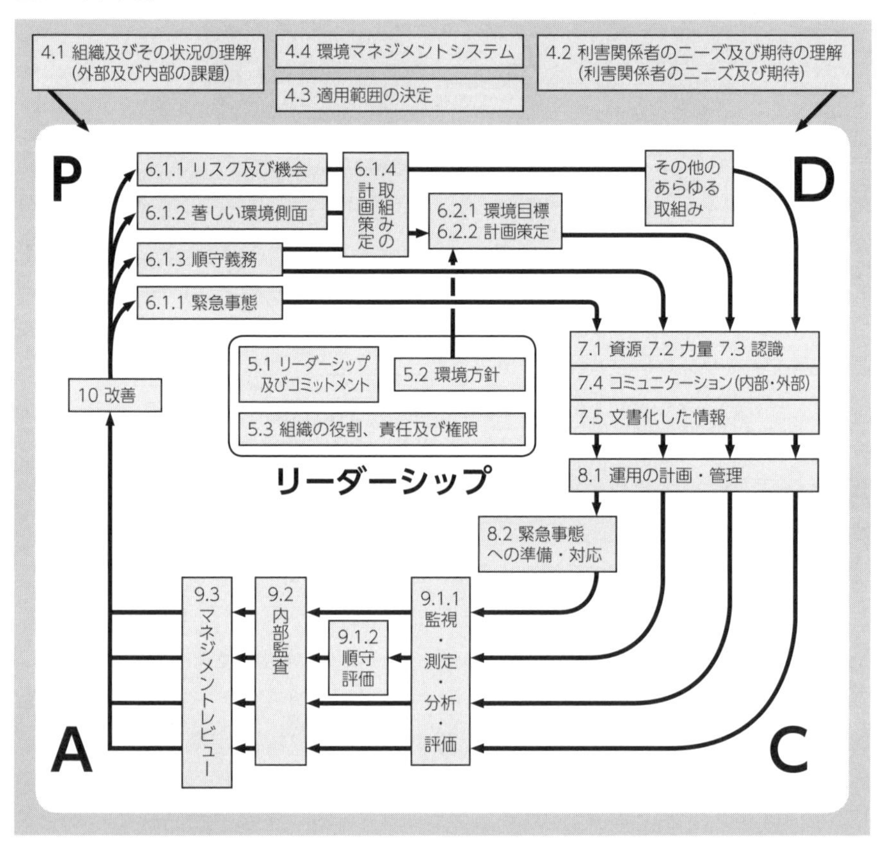

内部監査においては、指摘した内容について、該当する条項番号を明らかにします。本書のUNIT 5のトレーニングでも、監査で起こり得る状況について、注目すべき要求事項の条項番号は何かがわかるよう繰り返し練習します。監査で条項番号を指摘するのは、何を改善しようとしているのかを共通認識するためであり、番号で指摘することで意見交換が容易になるメリットがあります。

サーキット図を見ると、4つのコースがあることがわかります。実際のマネジメントシステムにおけるPDCAサイクルは、繰り返し様々なレベルで運用することになりますが、規格要求事項の面からは、4つのPDCAサイクルが回っていると考えられます。

まず、外側から2番目、目標に関するPDCAサイクルを見てみましょう。

「リスク及び機会」「著しい環境側面」「順守義務」を6の要求事項で明らかにし、その3つに関連する環境目標を立てることが、6.2.1で求められています。目標を達成するための計画を6.2.2で策定し、7で必要な「資源」「力量」「コミュニケーション」などを実施し、8.1で実行（運用）し、9.1.1で目標の達成状況を監視します。「9.2 内部監査」でも、「9.3 マネジメントレビュー」でも改善の機会があり、うまく目標達成に進まない状況であれば、10で改善するというPDCAサイクルです。

その内側、順守義務に関するPDCAサイクルも、目標と並んで環境マネジメントシステムの中心となります。順守義務の中心は環境に関連する法令などです。順守義務を果たすため、有資格者の配置などは、「7.2 力量」と考えることができます。順守義務を果たすための運用として8.1で実行し、監視・測定について9.1.1でチェックも行いますが、順守義務に関する評価については、特別に9.1.2の順守評価の要求事項も求められます。内部監査、マネジメントレビューが改善の機会となるのは、目標のPDCAサイクルと同様です。

一番外側のコースは、環境マネジメントシステムにおけるあらゆる取組みのPDCAサイクルだといえます。すべての環境に関するマネジメントが対象です。下に、環境マネジメントシステムの定義を抜粋します。環境マネジメントシステムは、環境側面・順守義務・リスク及び機会に取り組むすべてのマネジメントシステムだといえますね。

JIS Q 14001:2015　3.1.2　環境マネジメントシステム(environmental management system)

マネジメントシステム（3.1.1）の一部で、**環境側面**（3.2.2）をマネジメントし、**順守義務**（3.2.9）を満たし、**リスク及び機会**（3.2.11）に取り組むために用いられるもの。

一番内側のコースは、6.1.1で定めた緊急事態に関するPDCAサイクルです。全体にPDCAサイクルがまわることは共通しますが、緊急事態についての運用（8）は、特別に8.2で緊急事態への準備・対応が要求されています。

3 ISO14001の主要な要素の関係

一つひとつの条項番号ごとの要求事項を理解していく前に、4～10の大分類ごとにおおむねどんな要求をしているのかを確認します。全体の枠組みを把握して、俯瞰的にISO14001を理解していきましょう。

条項番号の大分類である、4～10の番号は、それぞれに、組織の状況、リーダーシップ、計画、支援、運用、パフォーマンス評価、改善とタイトルがついていることは先に確認しました。4と5は、PDCAサイクルにまだ入っていない段階です。6が計画（P）、7と8が実施（D）、9が評価（C）、10が改善（A）に位置します。

■サーキット図と大分類

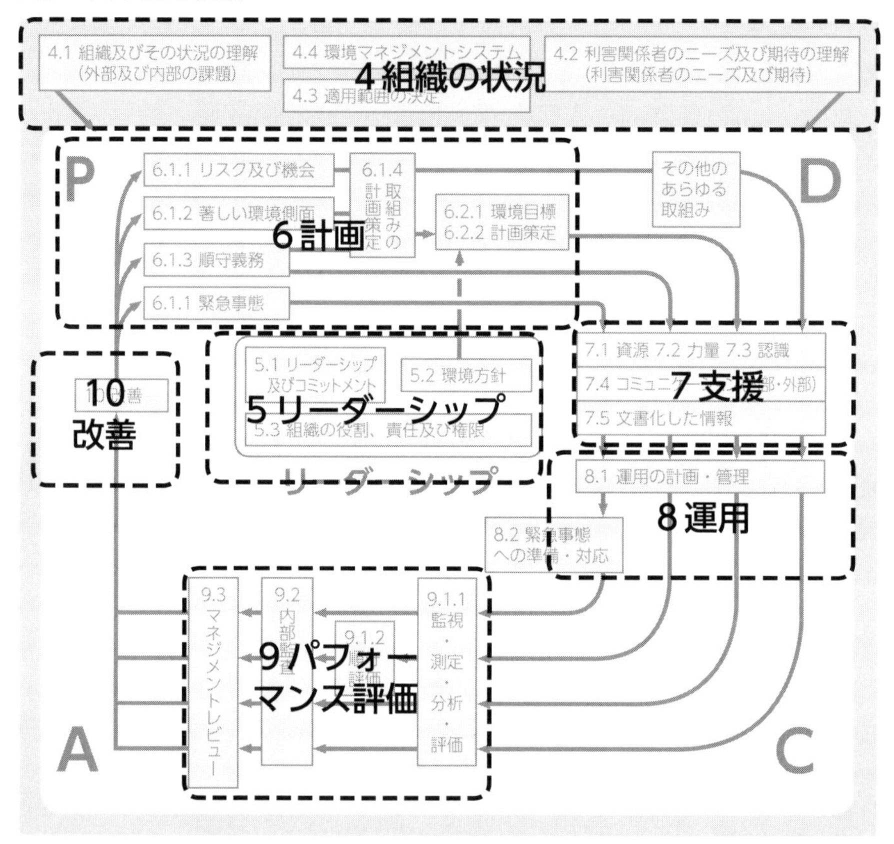

4.1、4.2……、のように、これから要求事項を細かく解説していきますし、それぞれの要求事項が守られているか確認する必要があります。全体像を把握しながら進めていきましょう。

4　組織の状況

番号	規格要求事項のポイント（概要）	備考
4.1	「外部及び内部の課題」を決定する	高いレベルでの概念的な理解
4.2	「利害関係者のニーズ及び期待」を決定する	一般的な（詳細ではなく高いレベルの）理解
4.3	適用範囲を決定する	4.1・4.2 などを考慮して決定
4.4	環境マネジメントシステムを確立する	全般

「4　組織の状況」とは、EMS における PDCA サイクルの外側に位置しています。マネジメントを行うための前提条件を決めている段階だといえるでしょう。

PDCA サイクルを回すためにあらかじめ決定しておくべき 4.1 から 4.3 の事項を決定し、それにより EMS を確立します。

また、4 の中では、

・外部及び内部の課題

・利害関係者のニーズ及び期待

の 2 つを決定しますが、それぞれ経営レベルで決定し、マネジメントシステムの全体で考慮し続けることになります。

「4　組織の状況」は PDCA サイクルの外ですが、活動を計画する前に、活動する組織の状況を把握することが重要ともいえます。組織の状況を把握しきれていないと、活動が単なる「規格の要求事項対応」に終わってしまい、意図する成果を得られない場合があるためです。

5　リーダーシップ

番号	規格要求事項のポイント（概要）	備考
5.1	トップマネジメントは、a）～i）によりリーダーシップを実証	a）有効性の説明責任は移譲できない
5.2	トップマネジメントは、環境方針を確立	環境保護・義務の順守・継続的改善のコミットメントを含む
5.3	トップマネジメントは、関連する責任・権限を割当てる	2004 年版における「管理責任者」の任命

マネジメントシステムでは、トップマネジメント自身の関与が求められています。特に、5.1 ではトップマネジメントがリーダーシップを発揮するための要求事項が羅列さ

れていますが、ここでも事業プロセスへのEMS要求事項の統合が求められています。また、トップマネジメント自身にEMSの有効性についての説明責任があります。

「5　リーダーシップ」は、EMSにおけるPDCAサイクルそのものではありません。サーキット図の中では、PDCAサイクルの中心に位置しています。マネジメントシステムの推進のために、トップマネジメントがどのように関与していく必要があるかについて定めているのです。

具体的には、トップマネジメントの

・自らの責任

・決定するべきこと（環境方針・責任者の任命）

などを規定しています。

6　計画

番号	規格要求事項のポイント（概要）	備考
6.1.1	「リスク及び機会（6.1.1）」を決定 「潜在的な緊急事態」を決定	潜在的で有害な影響（脅威＝リスク）と有益な影響（機会） 「緊急事態」への準備・対応は8.2のプロセスで要求
6.1.2	「環境側面と環境影響」を決定 「著しい環境側面（6.1.2）」を決定	ライフサイクルの視点を考慮する 設定した基準を用いる
6.1.3	「順守義務（6.1.3）」を決定	法的な要求事項と、その他の組織が採用する要求事項
6.1.4	（6.1.1）（6.1.2）（6.1.3）への取組み計画を策定	高いレベルで、財務・運用・事業上の要求事項を考慮する
6.2.1	環境目標を確立	（6.1.1）を考慮し、（6.1.2）（6.1.3）を考慮に入れ、環境方針と整合
6.2.2	環境目標達成のために計画	実施事項・必要な資源・責任者・達成期限・結果の評価方法

「4　組織の状況」と「5　リーダーシップ」を決定し、いよいよPDCAサイクルを回していきます。最初に、4で明確になった外部及び内部の課題や要求事項から、環境側面を決定し、「リスク及び機会への取組み」を決定します。

PDCAサイクルであるマネジメントシステム最初の工程（Plan）です。通常「計画」というと、具体的に何をするのかという行為の予定を決める要素だというイメージがありますが、この「6　計画」の中には、現状分析の要素も含まれると考えるとよいでしょう。

・リスク及び機会

・著しい環境側面

・順守義務（法的その他の要求事項）

これらをそれぞれ決定するというプロセスは、具体的に何をするのか計画しているというよりも、現状を分析しているプロセスです。そして、この3つに取り組むことがEMSであるといえます。さらに、この3つから、環境目標を確立するのです。

7 支援

番号	規格要求事項のポイント（概要）	備考
7.1	必要な資源を決定・提供	人的資源、専門的技能、インフラ、技術、資金
7.2	必要な力量を持つことを確実にする	環境パフォーマンスに／順守義務を満たす組織の能力に影響を与える業務を行う人
7.3	認識（自覚）を持つことを確実にする	管理下で働く人々（すべて）が対象
7.4	コミュニケーションに必要なプロセスを確立	内部（7.4.2）及び外部（7.4.3）
7.5	文書化した情報の要求事項	作成・更新（7.5.2）及び管理（7.5.3）

「7 支援」は組織がマネジメントシステムを運用し、目標を達成するために必要な事業環境と、そのプロセスを要求しています。マネジメントシステムの運用を確実にするための組織への要求事項といえます。EMSの全般的な取組みにおいて、ベースとなって支える、あるいは取組みを進める上でのサポートとなる要素ともいえるでしょう。

PDCAサイクルであるマネジメントシステムにおいては実施の工程（Do）に含まれます。

・資源
・力量（専門的な内容）
・認識（全メンバー向けの一般的な内容）
・コミュニケーション
・文書化

直接的に実施するというよりは、実施するにあたっての前提条件を定めているような要求事項であり、支援という表現が適切だとイメージしてください。

8　運用

番号	規格要求事項のポイント（概要）	備考
8.1	取組み実施に必要なプロセスを確立・実施 外部委託したプロセスを管理 ライフサイクル視点で管理、要求事項を決定・伝達	社内の管理と外部委託の管理の両方を含む
8.2	緊急事態への準備及び対応 （対応準備、テスト、レビュー）	緊急事態の決定は 6.1.1 の中で要求

PDCA サイクルであるマネジメントシステムにおける実施の工程（Do）です。「7　支援」に対して、まさに「Do」＝実施するプロセスです。

「6　計画」の中で決定された取組み内容を実施するためのプロセスを定めています。

「プロセスは、文書化することも、しないこともある」(3.3.5)

という注記が「プロセス」の用語の定義にあります。すべての手順書やマニュアルの作成を要求しているのではなく、文書化しなければマネジメントに問題が起こり得ると組織が判断したものについて、マニュアルや手順書を作成することを決めるのです。

また、8.1 の要求事項では、組織内だけでなく、外部委託先の管理も含まれます。組織の適用範囲に含まれない者の行為も、組織の環境マネジメントに影響を及ぼします。その管理も、当然ながら「Do」（8.1）の対象となります。

さらに 8.2 では、6.1.1 で特定された緊急事態に対応するためのプロセスも含まれます。

9　パフォーマンス評価

番号	規格要求事項のポイント（概要）	備考
9.1.1	環境パフォーマンスを監視・測定・分析・評価	環境目標の進捗を含む
9.1.2	順守義務を満たしていることを評価	順守状況に関する知識及び理解を維持する
9.2	内部監査を実施する	組織の規定／ISO14001 の要求事項への適合性、有効性
9.3	マネジメントレビューを実施する	インプット（考慮する事項）・アウトプットに含める要素が規定される

PDCA サイクルを回すことであるマネジメントシステムにおけるチェックの工程（Check）が「9　パフォーマンス評価」です。計画された取組みが実施された後、その取組みの成果や進捗などについて、監視・測定・分析・評価するプロセスの要求事項です。

計画して実施した事項が、目的の成果を上げているかを調べることが求められている

ため、

・環境目標の進捗をチェックすること

・順守義務を満たしているか判断すること

などが含まれます。

また、EMS 全体の取組みが適切かつ有効に行われているか評価するために、内部監査及びマネジメントレビューを実施するプロセスも、9 に含まれています。

10　改善

番号	規格要求事項のポイント（概要）	備考
10.1	改善の機会を決定	9.1・9.2・9.3 のプロセスが「改善の機会」に該当する
10.2	不適合に対する是正処置を行う	是正処置：不適合の原因を除去するための処置
10.3	適切性・妥当性・有効性を継続的改善	全般

PDCA サイクルの A（アクション）（改善）の工程であり、次回の P（計画）は前回の A（改善）を考慮に入れて作成されます。マネジメントシステムは改善の繰り返しだともいわれます。改善に必要な取組みを実施することが重要で、改善が有効に実施されなければ、EMS が形骸化してしまうでしょう。

ただし、改善の機会となるタイミングは、「9　パフォーマンス評価」のプロセスで要求されているといえます。監視・測定のタイミング、順守評価、内部監査、マネジメントレビューのタイミングで不適合が発見された場合、それに対して是正処置をとります。

ここで不適合とは、規格要求事項に対する不適合だけを指すものではなく、広い意味を持つと考えましょう。不適合の定義そのものも、組織ごとに決定すればよいですが、

例えば

・環境目標の未達

・要求事項、法規制を守れていない

・組織が定めた手順を逸脱している

などが不適合に含まれると考えます。

4 組織及びその状況の理解（4.1）

PDCAサイクルに入る準備として、P（計画）を作成する前に、組織の外部及び内部の課題を決定します。多数の課題を羅列するのではなく、経営レベルの概念的なものでよいでしょう。

4.1から要求事項がスタートします。ここから10.2まで、一つひとつの要求事項を解説していきます。要求事項は、内部監査の監査基準であり、EMSそのものでもあり重要です。しかし、文章が長く理解が難しいので、本書では規格要求事項の文言を使った図解をしています。図解を見ると、多くの文字が書いてありますが、4.1の本質的な要求事項は「外部及び内部の課題を決定すること」であり、その他はその解説や修飾語であることがわかります。

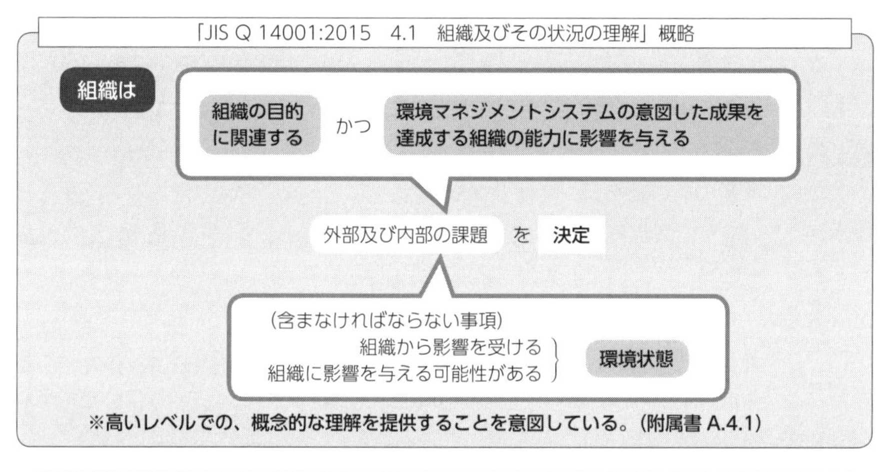

JIS Q 14001:2015　3.2.3　環境状態（environmental condition）

ある特定の時点において決定される、環境（3.2.1）の様相又は特性。

決定する外部及び内部の課題は、高いレベルで概念的なものでよいとされています。高いレベルとは、トップマネジメントを頂点とする組織のピラミッドを想定したときの、上の方というイメージです。「課題」というと細かく挙げればきりがありません。部署単位などのレベルで出す必要はありません。細々とした課題を羅列することではなく、法人であれば環境という範囲にとらわれることなく、経営レベルの課題を挙げることでよいのです。

■外部及び内部の課題の例（附属書 A.4.1）

外部	a）気候、大気の質、水質、土地利用、既存の汚染、天然資源の利用可能性及び生物多様性に関連した環境状態で、組織の目的に影響を与える可能性のある、又は環境側面によって影響を受ける可能性のあるもの
	b）国際、国内、地方又は近隣地域を問わず、外部の文化、社会、政治、法律、規制、金融、技術、経済、自然及び競争の状況
内部	c）組織の活動、製品及びサービス、戦略的な方向性、文化、能力（すなわち、人々、知識、プロセス及びシステム）などの、組織の内部の特性又は状況

■外部及び内部の課題の実例（廃棄物処理業者）

種類	課題	影響の例
外部の課題	法規制の強化	法令違反により必要な許可を失う
	異常気象・自然災害の発生	大雨で濁水が外部に流出する
	再生品の市場価値が変動	リサイクルルートの確立が困難に
内部の課題	人材不足	技術の伝承不足
	ベテラン社員の退職	環境に対する意識の低下
	施設の老朽化	設備投資による資金不足

上の表はある廃棄物処理業者の外部及び内部の課題として挙げられたものです。

当然ながら、課題の内容は企業の事業内容・規模などにより様々に考えられますが、おおむね上記のような経営レベルの課題を捉えて特定するのが規格で求められている内容となります。

外部及び内部の課題について、その内容を包含している CSR 報告書の序章部分としている。

POINT 外部及び内部の課題として新たに作成した内容ではないが、問題ないだろうか？

A 解説

CSR 報告書は当然企業の一連の活動を取りまとめたものになるので、その中で挙げられている課題はある程度網羅的に企業の課題を示している。それが外部・内部の課題であると決定しても問題ない。CSR 報告書が事業プロセスとして毎年見直しされるものならば、更新と最新化が確実にされる点でもメリットがある。（解答〇）

5 利害関係者のニーズ及び期待の理解 (4.2)

4.1 に続き準備段階として、経営レベルで利害関係者のニーズ及び期待を決定します。ニーズや期待のすべてに応える必要はありませんが、それを明らかにした上でマネジメントしていくのです。

4.2 では、利害関係者のニーズと期待について決定することが要求されています。4.1 の外部及び内部の課題と同じく、高いレベルでの理解が要求されているので、例えば顧客ならば、その一社一社のニーズではなく、顧客というひとくくりにしてどんなニーズ及び期待があるかというレベル感で捉えていけばよいと考えます。

利害関係者とは、「ある決定事項若しくは活動に影響を与え得るか、その影響を受け得るか、又はその影響を受けると認識している、個人又は組織」と定義されます（JIS Q 14001:2015　3.1.6）。

顧客だけでなく、地域のコミュニティ、行政、投資家、従業員を含む、いわゆるステークホルダーといえます。

要求事項のa）b）c）は、順に決定していく流れがあります。a）利害関係者を決める、b）その利害関係者からどんな要求事項があるのか決める、c）そのうち組織の順守義務となるものを捉えるという手順が示されています。

「JIS Q 14001:2015　4.2　利害関係者のニーズ及び期待の理解」概略

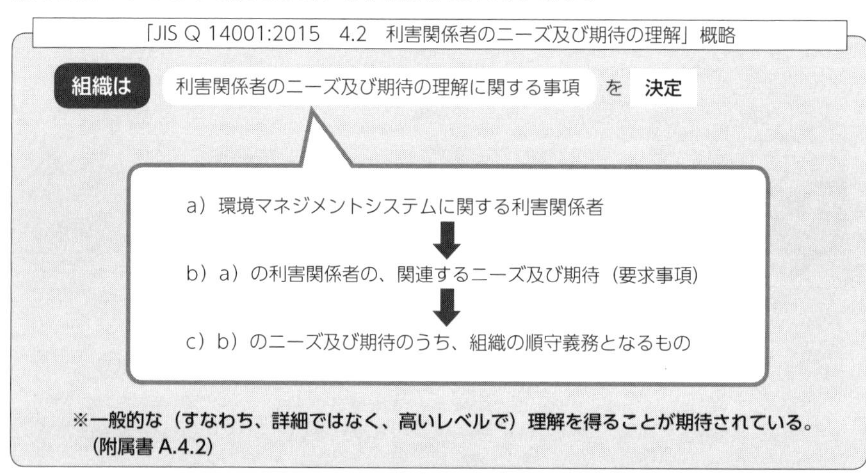

「ニーズ及び期待」と「順守義務」の関係について、図のように整理しましょう。こ

の図から、法的な要求事項は必ず順守する「順守義務」にあたるのは当然ですが、利害関係者のニーズ及び期待のすべてが順守義務にあたるわけではないことがわかります。利害関係者のニーズ及び期待のうち、組織が順守することを決めたものが、順守義務であるという関係です。

■ニーズ及び期待と順守義務の関係

JIS Q 14001:2015　3.2.8　要求事項（requirement）

明示されている、通常暗黙のうちに了解されている又は義務として要求されている、ニーズ又は期待。
注記１　“通常暗黙のうちに了解されている”とは、対象となるニーズ又は期待が暗黙のうちに了解されていることが、組織（3.1.4）及び利害関係者（3.1.6）にとって、慣習又は慣行であることを意味する。
注記２　規定要求事項とは、例えば、文書化した情報（3.3.2）の中で明示されている要求事項をいう。
注記３　法的要求事項以外の要求事項は、組織がそれを順守することを決定したときに義務となる。

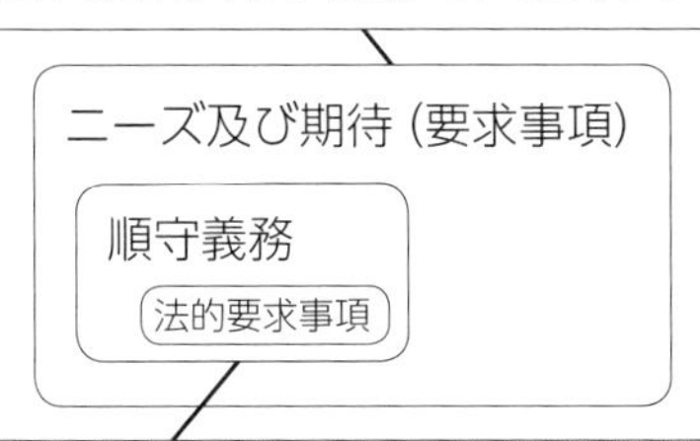

JIS Q 14001:2015　3.2.9　順守義務（compliance obligation）

組織（3.1.4）が順守しなければならない法的要求事項（3.2.8）、及び組織が順守しなければならない又は順守することを選んだその他の要求事項
注記１　順守義務は、環境マネジメントシステム（3.1.2）に関連している。
注記２　順守義務は、適用される法律及び規制のような強制的な要求事項から生じる場合もあれば、組織及び業界の標準、契約関係、行動規範、コミュニティグループ又は非政府組織（NGO）との合意のような、自発的なコミットメントから生じる場合もある。

下の表はある廃棄物処理業者における利害関係者のニーズ及び期待として挙げられたものです。利害関係者の特定についても各顧客レベルというよりも、「顧客」がどのようなことを求めているのかというレベル感で捉えていけばよいでしょう。

■利害関係者のニーズ及び期待の実例（廃棄物処理業者）

利害関係者	要求事項（ニーズ及び期待）	順守義務としたものの概要
株主	環境経営の推進による利益確保	—
従業員	環境意識の啓発	—
銀行	環境経営の推進による利益確保	—
行政	法令順守の要求	9.1.2 順守評価による
顧客	適正な処理、リサイクル率向上	—
近隣住民	環境配慮、汚染の防止	協定を締結した場合は、順守義務とする

6 環境マネジメントシステムの適用範囲の決定（4.3）

EMSの仕組みを構築する上で、作成した仕組みがどの組織をどのようにマネジメント（指導や指示、日々の監査、是正責任など）するかを、活動計画を作る前に決定します。

ここでは、EMSを行う組織の適用範囲を決めることを要求しています。

「JIS Q 14001:2015　4.3　環境マネジメントシステムの適用範囲の決定」概略

組織は

適用範囲の境界及び適用可能性を　**決定**

適用範囲を　**決定**　**文書化した情報として維持**　**利害関係者が入手できるような状態に**

（考慮しなければならない事項）
a）4.1に規定する外部及び内部の課題
b）4.2に規定する順守義務
c）組織の単位、機能及び物理的境界
d）組織の活動、製品及びサービス
e）管理し影響を及ぼす、組織の権限及び能力

※適用範囲の中にある組織の全ての活動、製品及びサービスは環境マネジメントシステムに含まれている必要がある

適用範囲の決定について、2004年版では適用範囲を決定するという一言しかありませんでした。2015年版では、適用範囲を決定するときに考慮すべきこと、つまり、「こういうことも考えて決めなさいね」ということが要求事項になっています。

その理由を、附属書から読み解くと、「適用範囲の設定を、著しい環境側面をもつ若しくはもつ可能性のある活動・製品・サービス・施設を除外するため、又は順守義務を逃れるために用いないほうがよい」とあります。外部認証をただ受けるだけを目的とした考えの組織をけん制しています。

JIS Q 14001:2015　附属書 A.4.3

環境マネジメントシステムの適用範囲の意図は、環境マネジメントシステムが適用される物理的及び組織上の境界を明確にすることであり、特にその組織がより大きい組織の一部である場合にはそれが必要である。組織は、その境界を定める自由度及び柔軟性をもつ。組織は、この規格を組織全体に実施するか、又は組織の特定の一部（複数の場合もある）だけにおいて、その部分のトップマネジメントが環境マネジメントシステムを確立する権限をもつ限りにおいて、その部分に対して実施するかを選択してもよい。

適用範囲の設定において、環境マネジメントシステムへの信ぴょう（憑）性は、どのように組織上の境界を選択するかによって決まる。組織は、ライフサイクルの視点を考慮して、活動、製品及びサービスに対して管理できる又は影響を及ぼすことができる程度を検討することとなる。**適用範囲の設定を、著しい環境側面をもつ若しくはもつ可能性のある活動・製品・サービス・施設を除外するため、又は順守義務を逃れるために用いないほうがよい。**適用範囲は、事実に基づくもので、環境マネジメントシステムの境界内に含まれる組織の運用を表した記述であり、その記述は、利害関係者の誤解を招かないものであることが望ましい。

この規格への適合を宣言すると、適用範囲の記述を利害関係者に対して入手可能にすることの要求事項が適用される。

適用範囲は組織が独自に決めるものなので、基本的には組織の判断で決めてよいです。しかし、生産部門で多くのエネルギーを使って環境負荷を与えているにもかかわらず、事務的な部門だけ適用範囲だとすることは、実質的な環境マネジメントにはつながりません。外部審査も大変になるので、事務的な部門だけというような決め方をするところも過去にはありました。もちろん、考慮した結果、適用範囲に含まない領域があることが、即否定されるわけではありませんが、EMS が意味のないものになってしまいます。

つまり、事務的な部門だけを適用範囲と考えた場合であっても、取り扱う製品の生産に伴うエネルギー使用やコスト管理が、環境に関連する課題や順守義務として挙がることは明らかでしょう。エネルギー使用に関わるパフォーマンス向上を考えた場合に、当事者である生産部門の取組みなしに継続的改善を図ることはできません。適用範囲に含めるべきです。

適用範囲は、外部審査に要する費用に影響します。適用範囲に含まれる組織の人数（有効要員数）と、事業の内容によって高い（化学薬品を扱う事業や、焼却による有害廃棄物の処理業など）、中、低い（ホテル／レストラン業など）、限定的（通信、教育サービス業など）と４段階に分かれる環境側面の煩雑さの指標から、外部審査における審査工数が決定されます。審査工数とは、外部審査にあたって、何人日の審査を行うかを指し、そこから外部審査の日数と費用が決定されます。審査機関によってその判断に若干の違いはあり得るものの、ISO17021 の規格要求事項で定められています（UNIT3 の１参照）。適用範囲を小規模にすれば、ISO14001 の外部審査に要する時間と費用の削減に直結することになります。

事業プロセスが関連する組織の一部のみを適用範囲とする場合には、著しい環境側面や事業上の課題の中心となる部門について意図的に除外はしていないことについて、顧客や従業員を含めた利害関係者にも理解を得られるような説明ができることが必要になります。

4.1 では「外部及び内部の課題」を、4.2 では「利害関係者のニーズ及び期待」を決定することがそれぞれ要求事項としてありました。ただし、それぞれについて、文書化の要求はありませんでした。

4.3 で決定する適用範囲は、文書化の要求があります。まず、文書化の要求があるということは、関係者にも明確に提示したり、はっきりと確認する必要性が高いものです。また、文書化の要求がない事項については、文書がなくても不適合とはならず、組織として内容が回答できればよいことになります。当然、文書化しても構いません。ISO14001 のプロセスを明確にするためには、文書化すべきかどうか、組織で決定します。

文書化の要求は、「維持」「保持」という表現が使い分けられています。

それぞれ、違いを表にまとめていますが、2004 年版の表現を借りれば、「維持＝文書」と「保持＝記録」という使い分けで考えてもわかりやすいかもしれません。厳密に言うと、広義の文書に記録は含まれます。

狭義の文書は、マニュアルや手順書などが該当します。これらは、改善を行うことで変化・改訂する可能性があり、常に最新化するように「維持」するものです。

一方、記録は、変化や改訂はありません。その時点の結果を示した証拠であり、改訂や改ざんを行わないものです。

これからの要求事項においては、「維持」「保持」の使い分けを意識して確認していきましょう。

<table>
<tr><td rowspan="4">2015年版</td><td rowspan="2">用語及び定義</td><td colspan="2">JIS Q 14001:2015　3.3.2　文書化した情報（documented information）</td></tr>
<tr><td colspan="2">組織（3.1.4）が管理し、維持するよう要求されている情報、及びそれが含まれている媒体。
注記 1　文書化した情報は、様々な形式及び媒体の形をとることができ、様々な情報源から得ることができる。
注記 2　文書化した情報には、次に示すものがあり得る。
―　関連するプロセス（3.3.5）を含む環境マネジメントシステム（3.1.2）
―　組織の運用のために作成された情報（文書類と呼ぶこともある。）
―　達成された結果の証拠（記録と呼ぶこともある。）</td></tr>
<tr><td>用語</td><td>（情報の）維持（maintain）</td><td>（情報の）保持（retain）</td></tr>
<tr><td>適用される情報の内容</td><td>4.3　（適用範囲）
5.2　（環境方針）
6.1.1　（リスク及び機会、6.1.1～6.1.4 で必要なプロセス）
6.1.2　（環境側面と環境影響、著しい環境側面とその決定基準）
6.1.3　（順守義務）
6.2.1　（環境目標）
8.1　（運用管理のプロセス）
8.2　（緊急事態のプロセス）</td><td>7.2　（力量の証拠）
7.4.1　（コミュニケーションの証拠）
9.1.1　（監視・測定・分析及び評価）
9.1.2　（順守評価の結果）
9.2.2　（内部監査の結果）
9.3　（マネジメントレビューの結果）
10.2　（不適合・是正処置の内容）</td></tr>
<tr><td rowspan="4">2004年版</td><td rowspan="2">用語及び定義</td><td>3.4　文書（document）</td><td>3.20　記録（record）</td></tr>
<tr><td>情報及びそれを保持する媒体。
参考　媒体としては、紙、磁気、電子式若しくはマスターサンプル、又はこれらの組合せがあり得る。</td><td>達成した結果を記述した、又は実施した活動の証拠を提供する文書（3.4）</td></tr>
<tr><td>特徴</td><td>改訂される</td><td>改ざんできない</td></tr>
<tr><td>具体例</td><td>マニュアル、規定、手順書</td><td>検査結果、議事録、教育記録</td></tr>
</table>

こんな状況は ISO14001:2015 に適合している？ ○か×か

Q

ISO14001 の適用範囲について、顧客から要求があった場合には直接それを提示しているが、ウェブサイトでの一般公開はしていない。

POINT　適用範囲は「利害関係者が入手できる」必要があるが、要求があったときのみ出す形でもよいか？

A　解 説

「入手できるようにする」とは、「文書化した情報」を利害関係者が確認したい場合に閲覧できればよい。閲覧したい場合は、ウェブサイトが最近は一般的ではあるが、要求に対してメール送付などができるような体制にあれば「入手できるようにしている」といえる。ただし、利害関係者より確認したいとの意向を受けてから「文書化した情報」を作成するのは、維持しているとはいわない。（解答○）

7 環境マネジメントシステム（4.4）

EMSを有効に活用するためには、PDCAサイクルを用いて継続的に改善することです。継続的改善では、毎年同じことを行うのではなく、常に成果を求め変化に対応することです。

4.4では、「EMSを確立する」という全般的な要求事項になっています。

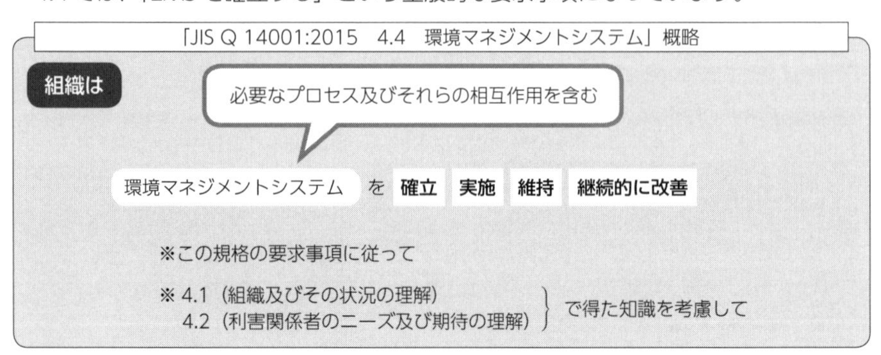

ISO14001の4.4は、具体性に欠けるので、イメージするために、ISO9001の同じ要求事項を参照してください。他の要求事項を満たして、マネジメントを進めていくという主旨です。

JIS Q 9001:2015　4.4

組織は、品質マネジメントシステムに必要なプロセス及びそれらの組織全体にわたる適用を決定しなければならない。また、次の事項を実施しなければならない。

a）これらのプロセスに必要なインプット、及びこれらのプロセスから期待されるアウトプットを明確にする。
b）これらのプロセスの順序及び相互作用を明確にする。
c）これらのプロセスの効果的な運用及び管理を確実にするために必要な判断基準及び方法（監視、測定及び関連するパフォーマンス指標を含む。）を決定し、適用する。
d）これらのプロセスに必要な資源を明確にし、及びそれが利用できることを確実にする。
e）これらのプロセスに関する責任及び権限を割り当てる。
f）6.1の要求事項に従って決定したとおりにリスク及び機会に取り組む。
g）これらのプロセスを評価し、これらのプロセスの意図した結果の達成を確実にするために必要な変更を実施する。
h）これらのプロセス及び品質マネジメントシステムを改善する。

4.3 の適用範囲の文書化において確認したように、ここで登場する「維持」という言葉には、最新の状態に更新を続けていくことが含まれます。EMS を維持するということは、EMS が有効に働くように見直しを行い、メンテナンスし、さらにシステムを継続的に改善していくことです。

その意味で、同じことを繰り返しやり続けて変化がない状況は、継続的改善とはいえないのではないかと疑うべき状況です。

JIS Q 14001:2015　3.4.5　継続的改善（continual improvement）

パフォーマンス（3.4.10）を向上するために繰り返し行われる活動。

注記 1　パフォーマンスの向上は、組織（3.1.4）の環境方針（3.1.3）と整合して環境パフォーマンス（3.4.11）を向上するために、環境マネジメントシステム（3.1.2）を用いることに関連している。

注記 2　活動は、必ずしも全ての領域で同時に、又は中断なく行う必要はない。

ここでは、「継続的に改善する」という要求事項の意味について考えます。

継続的改善とは、毎年同じことを行うことではなく、常に成果を求め変化に対応することを要求しています。

また、内部監査においては、組織の状況を監査していく中で、不適合や指摘すべき事項がある場合、該当する規格要求事項の条項番号を含めて報告します。本書の中でのトレーニング（UNIT 5）も、規格要求事項を理解して、適切な条項番号が判断できることを、大きなゴールにしています。

その場面を想定すると、4.4 で不適合を指摘するような状況は、まず考えられません。

4.4 で指摘するということは、EMS に不備があることだとはいえますが、監査を受けた側は、何を改善するべきなのか、どのように改善するべきなのかは、まったくわからないと思います。

4.4 で指摘したいような状況があったとすれば、必ず、他の要求事項での不適合も考えられます。他の具体的な要求事項で指摘しなければ、プロセスの改善にはつながらないことになります。

その意味で、今後のトレーニングで出てくるあらゆる状況についても、4.4 が指摘の疑いがある条項番号として登場することはありません。他の条項番号に改善の根拠があるはずですので、そちらを探しましょう。

8 リーダーシップ及びコミットメント（5.1）

コミットメントとは約束であり、達成することをトップが確実にすることと、確実にするための事項を説明できることが必要です。そのためにトップは管理層の役割などを支援します。

トップマネジメントの責任に関する項目が９つ並んでいます。a）～i）によってリーダーシップを実証します。これは2015年版の改訂でも強化されたところです。

「JIS Q 14001:2015　5.1　リーダーシップ及びコミットメント」概略

トップマネジメントは 次に示す事項 によって、リーダーシップ及びコミットメントを **実証**

a）環境マネジメントシステムの有効性に説明責任を負う
b）環境方針及び環境目標を確立し、それらが組織の戦略的な方向性及び組織の状況と両立することを確実にする
c）組織の事業プロセスへの環境マネジメントシステム要求事項の統合を確実にする
d）環境マネジメントシステムに必要な資源が利用可能であることを確実にする
e）有効な環境マネジメント及び環境マネジメントシステム要求事項への適合の重要性を伝達する
f）環境マネジメントシステムがその意図した成果を達成することを確実にする
g）環境マネジメントシステムの有効性に寄与するよう人々を指揮し、支援する
h）継続的改善を促進する
i）その他の関連する管理層がその責任の領域においてリーダーシップを実証するよう、管理層の役割を支援する

注記：事業とは組織の存在の目的の中核となる活動という広義の意味で解釈され得る

JIS Q 14001:2015　3.1.5　トップマネジメント（top management）

最高位で組織（3.1.4）を指揮し、管理する個人又は人々の集まり。
注記１　トップマネジメントは、組織内で、権限を委譲し、資源を提供する力をもっている。
注記２　マネジメントシステム（3.1.1）の適用範囲が組織の一部だけの場合、トップマネジメントとは、組織内のその一部を指揮し、管理する人をいう。

一番大事なのは、「a）　環境マネジメントシステムの有効性に説明責任を負う」ことです。それぞれの文末の表現に着目すると、多くの項目の最後の語尾が「確実にする」で終わっています。「確実にする」ということは、「環境責任者にこれを任せた」という言い方もできます。一方、a）は責任を負うと書いてあります。つまりこの部分については委譲ができない、トップマネジメント自身が責任を持たなければならないという点で重みが違います。このことを指してトップマネジメントは、当然ながら環境マネジメ

ントに関与していくようにというメッセージが入っているのです。

> JIS Q 14001:2015　附属書 A.5.1
>
> リーダーシップ及びコミットメントを実証するために、トップマネジメント自身が関与又は指揮することが望ましい、環境マネジメントシステムに関連する特定の責任がある。**トップマネジメントは、他の人にこれらの行動の責任を委譲してもよいが、それらが実施されたことを確実にすることに対する説明責任は、トップマネジメントが保持する。**

もう一つ、c) にも着目します。ここで事業プロセスへの統合というキーワードが、トップマネジメントの責任として明記されています。EMS が審査を通るためにやっているものだけではなく、事業としての取組みにも一致し、あわせて一つのものになっていることを確実にしなさいということです。事業プロセスとの統合というキーワードは、ここだけではなく他のところにも出てきます。

マネジメントシステムの中で、トップマネジメントが必ず行う必要があるのは、有効性の説明責任とマネジメントレビューの実施です。有効性の説明責任とは、経営的な観点から組織の戦略的な方向性（経営企画など）と両立が必要であるため、環境面の経営判断だけではなく、組織の戦略的な経営計画の中で環境方針を立て、環境目標を確立するような仕組みを要求しています。

■各要求項目との関連性

トップマネジメントに求められる項目	関連する要求項目
b）環境方針及び環境目標	5.2（環境方針）、6.2.1（環境目標）
d）資源	7.1（資源）
f）意図した成果の達成	6.1.1（リスク及び機会への取組み）
h）継続的改善	10.3（継続的改善）
i）管理層の支援	5.3（組織の役割、責任及び権限）

Q

社長（トップマネジメント）に ISO14001 を導入している理由（有効性）を尋ねたが、明確な答えがなかった。

POINT　トップマネジメントは、EMS の有効性について説明責任を負うことが求められていないのか？

A　解説

有効性の説明責任を負うことができていない。トップマネジメントは EMS をどのように活用するかを意思表示すべきであり、トップマネジメントの意思により、事業との統合が可能になり、形骸化が防止できる。（解答×）

9 環境方針 (5.2)

環境方針は組織の目的に対して適切であることが、求められています。組織にとって重要なのは、意図した成果を達成することであり、達成することにより妥当な評価を組織が受けられます。

環境方針とは、組織の「意図及び方向付け」と定義されています（3.1.3）。

すなわち、最上級の方針であり、すべての環境対応は、環境方針とズレなく進めていくことになります。環境方針に反する行為は、やめる必要があります。他方、環境方針に準ずる行為は、組織として必ず応援するのです。そのような重要な方針ですから、トップマネジメントが正式に決定、表明する必要があります。

「JIS Q 14001:2015　5.2　環境方針」概略

トップマネジメントは 環境方針 を **確立** **実施** **維持**

（満たす事項）

a）組織の目的、並びに組織の活動、製品及びサービスの性質、規模及び環境影響を含む組織の状況に対して適切である

b）環境目標の設定のための枠組みを示す

c）汚染の予防、及び組織の状況に関連するその他の固有なコミットメントを含む、環境保護に対するコミットメントを含む

注記：環境保護に対するその他の固有なコミットメントには、持続可能な資源の利用、気候変動の緩和及び気候変動への適応、並びに生物多様性及び生態系の保護を含み得る。

d）組織の順守義務を満たすことへのコミットメントを含む

e）環境パフォーマンスを向上させるための環境マネジメントシステムの継続的改善へのコミットメントを含む

組織は 環境方針 を **文書化した情報として維持** **組織内に伝達** **利害関係者が入手できるような状態に**

JIS Q 14001:2015　3.2.7　汚染の予防（prevention of pollution）

有害な環境影響（3.2.4）を低減するために、様々な種類の汚染物質又は廃棄物の発生、排出又は放出を回避、低減又は管理するためのプロセス（3.3.5）、操作、技法、材料、製品、サービス又はエネルギーを（個別に又は組み合わせて）使用すること。

注記　汚染の予防には、発生源の低減若しくは排除、プロセス、製品若しくはサービスの変更、資源の効率的な使用、代替材料及び代替エネルギーの利用、再利用、回収、リサイクル、再生又は処理が含まれ得る。

この環境方針には①汚染の予防、その他固有な環境課題に対する環境保護、②組織の順守義務を満たす、③環境パフォーマンスを向上させるためEMSを継続的に改善する、の３つの基本的なコミットメントを含むことを規定しています。EMS活動は方針によって組織の仕組みを構築し、本来の業務に共存する環境影響の有効性を要求しています。

私は、ISO14001に関連する研修に限らず、廃棄物を中心とする環境法令に関する解説セミナーに、企業の依頼を受けて登壇する機会があります。その際、その企業がISO14001を認証取得しているかどうか、事前に確認して向かいます。ISO14001を認証取得していれば、必ずその組織のトップマネジメントがコミットメントした「順守義務を満たすこと」についての環境方針が定められているからです。環境に限らず、組織に適用される法令は順守しなければならないことではありますが、環境方針として順守することをトップマネジメントが宣言していることは、法令の解説をする上で、受講者に対して説得力を増す材料になり、セミナーがやりやすくなります。

また、コミットメントの意味は簡単に言えば「約束」ですが、より強い意味を持ちます。元々は神への誓約の意味をも含む、あるいは達成に責任を伴うもの、社会に対して約束をしているという意味を含むのが、コミットメントになります。

Q

環境方針が変更された際、会社の非正規雇用の社員に変更内容が伝達されていない。

POINT 環境方針は「組織内に伝達する」必要があるが、それはどの範囲まで含むか？

A 解説

適用範囲内であれば、非正規雇用の社員も組織の一員であることは当然であり、「組織内に伝達」することが必要。

環境方針を名刺サイズに印刷して常時携帯することとしている組織もある。組織の人々に認識してもらう必要があるので、否定される対応ではないが、携帯しているからよいとするのは、目的とは異なっている。管理職など職務によって必要な内容で周知すべきである。（解答×）

10 組織の役割、責任及び権限（5.3）

組織が、マネジメントシステムを有効活用できるように、トップが適切に役割と権限を与えるように要求しています。EMSの実務的なリーダーを任命することともいえます。

5.3で要求している責任及び権限とは、いわゆる環境管理責任者のことをいっています。つまり、「トップマネジメントは環境管理責任者を決めなさい」ということです。ただ、2004年版では、「管理責任者を決めなさい、管理責任者の仕事は、いわゆるこのa）とb）です」というような表現でした。

2015年版では「管理責任者じゃなくても、誰でもいいので、このa）とb）の役割を割り当てなさい」という規格に変更されています。2004年版からEMSを運用している多くの組織では、環境管理責任者という役割は残しています。

「JIS Q 14001:2015　5.3　組織の役割、責任及び権限」概略

トップマネジメントは

関連する役割 に対して責任及び権限を **割り当てられることを確実に**

組織内に伝達されることを確実に

（責任及び権限を割り当てるべき事項）

a）環境マネジメントシステムが、この規格の要求事項に適合することを確実にする
b）環境マネジメントシステムのパフォーマンスをトップマネジメントに報告する

JIS Q 14001:2015　附属書A.5.3

5.3で特定した役割及び責任は、"管理責任者"と呼ばれることもある個人に割り当てても、複数の人々で分担しても、又はトップマネジメントのメンバーに割り当ててもよい。

a）の役割は、よく読めばとても責任が重いものです。組織が規格要求事項に適合することを確実にする責任ですから、環境マネジメントについて実務的な陣頭指揮をとる者に割り当てられるべきです。もし、環境部のような部署があれば、環境部長が担当するなど、知識を有していることや実務的な担当をしているという要素だけではなく、業

務上の権限も有している者を選任するべきでしょう。

b）の役割は、組織の環境パフォーマンスを報告する責任です。そのためには、9.3 で要求されるマネジメントレビューのプロセスにおいて考慮すべき事項（インプット項目）について、トップマネジメントに説明できる能力が必要です。インプット項目には、環境目標に掲げる指標にもなる測定結果などの数値的なものだけではなく、不適合に対する是正処置や内部監査の結果等も含まれます。環境パフォーマンスとは、定量的なものだけを指すものではありません。

それぞれの役割を見ても、組織の環境マネジメントの実質的なリーダーとなる、環境管理責任者という役割の表現がふさわしい者を指名するべきです。

注意しなければならないのは、環境マネジメントに関わるあらゆる役割について、トップマネジメントが決定するということではない点です。例えば、6.2.2 にも責任者という表現が登場します。もし、環境目標を達成するための実施計画の責任者が決定していなかった場合、5.3 を根拠にしてトップマネジメントの責任だとするものではありません。

3 人からなる管理事務局が、EMS の管理責任者を有するものとしてトップマネジメントから任命された。

POINT 「環境管理責任者」にあたる個人がいなくても問題ないのか？

A 解 説

責任及び権限を割り当てる対象は個人でなくてもよい。

ただし役割は個人に与えないと責任が明確にならない。組織の役割が決まっていても個人の責任はトップにより割り当てられる。同時に責任には権限が割り当てられ、複数の管理責任者が存在する場合は、状態、時間、時期、順番など明確に責任を割り当てる必要がある。（解答○）

11 リスク及び機会への取組み——一般 (6.1.1)

「計画」する意図は、組織が環境マネジメントの意図した成果を達成し、望まない事項を防止または低減し、継続的改善により事業貢献することにあります。

6.1.1 の要求事項は、非常に長文でややこしくなっています。分解して考えていきましょう。

「JIS Q 14001:2015　6.1.1　リスク及び機会への取組み——一般」概略

組織は

6.1（6.1.1 ～ 6.1.4）の要求事項を満たすために必要なプロセスを **確立** **実施** **維持**

6.1.1 ～ 6.1.4 で必要なプロセスが計画どおりに実施されるという確信をもつために必要な程度の、それらのプロセス **文書化した情報を維持**

※一般

（次の事項のために取り組む必要がある）
・環境マネジメントシステムが、その意図した成果を達成できるという確信を与える
・外部の環境状態が組織に影響を与える可能性を含め、望ましくない影響を防止又は低減する
・継続的改善を実施する

環境側面、順守義務、4.1、4.2 で特定したその他の課題及び要求事項に関連する

リスク及び機会 を **決定** **文書化した情報を維持**

（考慮しなければならない事項）
a）4.1（組織及びその状況の理解）に規定する課題
b）4.2（利害関係者のニーズ及び期待の理解）に規定する要求事項
c）環境マネジメントシステムの適用範囲

（環境影響を与える可能性のあるものを含め）潜在的な緊急事態を **決定**

「一般」について

一般とは、他の条項番号においても適用される要求事項だといえます。具体的には、図中に「※一般」と示した部分が、6.1 全体に適用されると考えます。その下の項目（6.1.1、6.1.2…）も、それを決定していくために必要なプロセスを確立して実施して

維持していくことを要求しています。

6.1.1では、リスク及び機会を決定することが要求事項として組織に求められており、それをやるのに必要なプロセスがあるのであればそれを決めてやりなさいといっています。「一般」ですから、6.1.2にも適用されます。6.1.2では、環境側面と著しい環境側面を決定する要求事項があり、その決定のために必要なプロセスを確立しなさいということです。6.1.3の順守義務、6.1.4の取組みの計画策定の要求事項においても同様です。

図を見ると、一般の要素を除けば、6.1.1で求めているのは、

・リスク及び機会を決定すること

・緊急事態を決定すること

の2点であることがわかります。図中の「リスク及び機会」にふき出しが三つあります。リスク及び機会を決定するにあたっての修飾語が三つにわたって入っています。

リスク及び機会とは

言葉の定義から見れば、潜在的な（つまり顕在化していない）有害または有益な影響を指します。将来起こり得る、ピンチとチャンスと言い換えてもいいかもしれません。

リスクという言葉の定義を正しく捉えると、リスクには2つの意味があることがわかります。広義のリスクは、「不確かさの影響」ですから、リスク（狭義）と機会の両方ともリスクだともいえます。

JIS Q 14001:2015　3.2.10　リスク（risk）

不確かさの影響。

注記１　影響とは、期待されていることから、好ましい方向又は好ましくない方向にかい（乖）離することをいう。

注記２　不確かさとは、事象、その結果又はその起こりやすさに関する、情報、理解又は知識に、たとえ部分的にでも不備がある状態をいう。

注記３　リスクは、起こり得る“事象”（中略）及び“結果”（中略）、又はこれらの組合せについて述べることによって、その特徴を示すことが多い。

注記４　リスクは、ある事象（その周辺状況の変化を含む。）の結果とその発生の"起こりやすさ"（中略）との組合せとして表現されることが多い。

JIS Q 14001:2015　3.2.11　リスク及び機会（risks and opportunities）

潜在的で有害な影響（脅威）及び潜在的で有益な影響（機会）。

JIS Q 14001:2015　附属書A.3

この規格では、“影響”（effect）という言葉は、組織に対する変化の結果を表すために用いている。“環境影響”（environmental impact）という表現は、特に、環境に対する変化の結果を意味している。

つまり、いい方向に進む場合であっても、予測できていなかったという状況は、リスクだということです。目標を大幅に達成してよい結果になったとしても、それはそれで評価されない、という考え方に近いですね。

しかし、そこまで深く考える必要はありません。環境マネジメントについて、想像される未来で悪い方向（リスク＝ピンチ）とよい方向（機会＝チャンス）を考えましょう。それらに備えて取り組むことが環境マネジメントだということです。

■リスク及び機会の例（附属書 A.6.1.1）

リスク	a）労働者間の識字又は言葉の壁によって現地の業務手順を理解できないことによる、環境への流出
	b）組織の構内に影響を与え得る、気候変動による洪水の増加
	c）経済的制約による、有効な環境マネジメントシステムを維持するための利用可能な資源の欠如
機会	d）大気の質を改善し得る、政府の助成を利用した新しい技術の導入
	e）排出管理設備を運用する組織の能力に影響を与え得る、干ばつ期における水不足

次の表はある廃棄物処理業者においてリスク及び機会として挙げられたものの具体例です。

ここから、リスクと機会の表裏一体で考えるべきだといえるでしょう。よく、ピンチはチャンスだといいます。考えようによって、一つの事象は、リスクにも機会にもなりえます。

▲でリスクを、●で機会を表現しています。法令順守を例にとると、法令違反があれば顧客からの信頼を失ってしまいます。でも、それを受けた法令順守の徹底により顧客からの信頼を得る可能性もあります。特に廃棄物処理業であれば、処理を行う中で自らの法令順守を行うことはもちろん、クライアントである排出事業者の法令順守をサポートする姿勢が、信頼を得ることにつながる機会にもなり得ます。

一つの事象を、リスクであるか、機会であるか、両方であると捉えるか、組織の考え方が表れるところかもしれません。その意味では、ある程度高いレベルで整理しながらも、常に見直して維持していくべきものです。

■リスク及び機会の実例（廃棄物処理業者）

取り組む事項	具体的な事象	▲：潜在的で有害な影響（リスク） ●：潜在的で有益な影響（機会）
EMSが意図した成果を達成できるという確信を与える	再生品市場の変化	▲リサイクル率の低下 ●新たな再生方法の開発
	設備の老朽化	▲設備故障による分別精度の低下 ●現場分別の促進
	法令の順守	▲法令違反により、顧客からの信頼を失う ▲事業に必要な許可を失う ●法令順守の徹底により、顧客からの信頼を得る
望ましくない影響を防止・低減する	設備の老朽化	▲設備故障で環境影響（粉じん・騒音等）発生 ●設備更新（業務の効率化）のチャンス
	異物の混入	▲有害物質の流出による環境影響発生 ●管理を徹底することで、顧客からの信頼を得る
	法令違反の防止	▲悪意なき法令違反の発生 ●規制強化への積極的な対応による顧客の信頼
継続的改善を達成する	ベテラン社員の退職	▲技術伝承ができず、業務に支障がでる ●ノウハウを伝承・マニュアル化する機会
	社員教育	▲ EMSの理解不足で、継続的改善の機会を失う ● EMSを事業プロセスと統合していく

Q

リスク及び機会を決定する際、利害関係者のニーズ及び期待を考慮に入れていなかった。

POINT リスク及び機会を決定するときに考慮するべき事項は？

A 解説

利害関係者のニーズ及び期待も考慮して決定する。

自組織が想定するリスク及び機会だけではなく、業務委託先や原材料メーカーや顧客のニーズに始まり、顧客の期待や業務委託先の期待などを含めて決定しなければならない。

ただし、「考慮して決定する」であり、期待されている事項をすべて含めるべきではなく、あくまでも「組織の意図した成果」を達成するためのリスクと機会を決定する。（解答×）

12 環境側面（6.1.2）

環境側面とは、EMS で取り組むべき要素であり、その中の影響が大きいものをどのように決めるかを決定し、決定した環境側面は文書化して維持します。

6.1.2 の要求事項は、まず、環境側面とそれに伴う環境影響を洗い出し、その中から「設定した基準」を用いて著しい環境側面を決定しなさいというものです。著しい環境側面を伝達すること、これらについては文書化した情報として維持することという要求事項もある構成です。

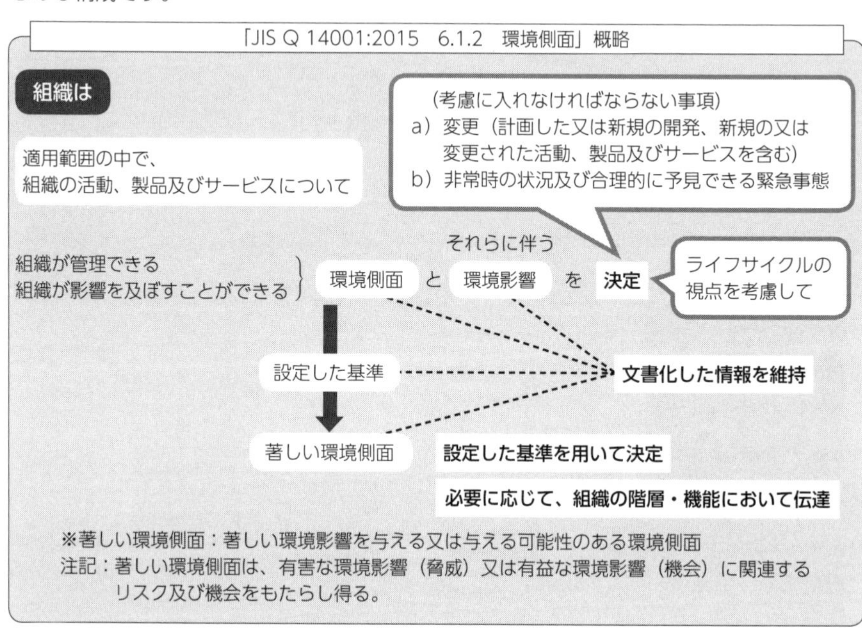

	3.2.2　環境側面 (environmental aspect)	3.2.4　環境影響 (environmental impact)	3.2.3　環境状態 (environmental condition)
用語及び定義	環境（3.2.1）と相互に作用する、又は相互に作用する可能性のある、組織（3.1.4）の活動又は製品又はサービスの要素。	有害か有益かを問わず、全体的に又は部分的に組織（3.1.4）の環境側面（3.2.2）から生じる、環境（3.2.1）に対する変化。	ある特定の時点において決定される、環境（3.2.1）の様相又は特性。
関係	**原因**	**結果**	—

環境側面、環境影響は、日常の中ではあまり使用することがない表現で、ISO14001独特の言葉ですが、原因と結果と捉えると理解しやすいです。私たちの活動は、少なからず環境に対して影響を与えています。その原因となる活動が環境側面です。ですので、環境側面は必ず「組織の活動または製品またはサービスの要素」となります。

要求事項では、環境側面の中から著しい環境側面を決定する基準を設定することを求めています。ただし、どのような基準を用いるかは問われておらず、組織が決定します。よくある基準はスコアリング方式です。図のように、法規制の該当や、発生の可能性、結果の重大性などの指標を数値化して、足し算や掛け算を組み合わせて点数化し、一定の点数以上のものや上位となるものを著しい環境側面とします。スコアリング方式がよい点は、どのような考え方をしたのかが、履歴として残ることです。状況が変化することで、個々の点数が変動し、著しい環境側面になる／ならないという変更についても、明確になります。一方で、個々の点数をつける指標に着目すると、点数をつける者の感覚によるところがあって、絶対的ではありません。結局、人による主観的な評価となりますが、考えの経緯が明らかになる点で、有効な方法です。

■著しい環境側面の決定方法の例

決定方法	詳細
スコアリング方式	法規制の該当・発生の可能性・発生の頻度・結果の重大性などを数値化し、数値から判断
アルゴリズム方式	法規制の該当・過去の事故・有害性など、どれか一つでも該当したものとする
アンケート方式	—
会議方式	—

■スコアリング方式の例

点数	法規制該当	点数	発生の可能性	点数	結果の重大性
3	違反の恐れ	3	高い	3	大きい
2	適用を受ける	2	中程度	2	中程度
1	適用なし	1	低い	1	ないか非常に軽微

環境側面	環境影響	法規制該当(a)	発生の可能性(b)	結果の重大性(c)	総合評価点	著しい環境側面
洗浄水の排水	水質汚濁	3	1	3	9	○
工場からの排出ガス	大気汚染	3	2	3	18	○
生産ラインからの騒音	騒音	2	2	2	8	

※総合評価点＝（a）×（b）×（c）　9点以上で「著しい環境側面」

他の方法には、アンケート方式や、会議方式などもあります。

また、アルゴリズム方式とは、ある一つの要素に該当したものはすべて著しい環境側面と考えるものです。ある組織は、法令の規制の対象になっている環境側面は、すべて著しい環境側面と判断しています。

著しい環境側面にしたから、何か取組みをしなければならないというものではありません。その意味では、著しい環境側面とは、組織が着目すべき優先順位が高い要素を洗い出すものです。洗い出された著しい環境側面は、環境と関わる組織の特徴を示すものになります。

環境側面を決定するプロセスでは、ライフサイクルの視点が求められます。ライフサイクルとは、原材料の取得または天然資源の産出から、最終処分までを含む段階だと考えます。よく「ゆりかごから墓場まで」という言い方をします。製品作りをしているならば、私たちが目にしているところだけではなくて、原料である天然資源の産出から、廃棄物として最後「墓場」に行くところまでがライフサイクルだと捉えます。例えば、エネルギーを使用する製品を製造しているならば、製品として使われているときの電力の使用も環境側面だと考えられます。それに貢献するために省エネ製品を開発することは、ライフサイクルを考えているわけですね。

JIS Q 14001:2015　附属書 A.6.1.2

環境側面を決定するとき、組織は、ライフサイクルの視点を考慮する。これは、詳細なライフサイクルアセスメントを要求するものではなく、組織が管理できる又は影響を及ぼすことができるライフサイクルの段階について注意深く考えることで十分である。製品（又はサービス）の典型的なライフサイクルの段階には、原材料の取得、設計、生産、輸送又は配送（提供）、使用、使用後の処理及び最終処分が含まれる。適用できるライフサイクルの段階は、活動、製品又はサービスによって異なる。

JIS Q 14001:2015　3.3.3　ライフサイクル（life cycle）

原材料の取得又は天然資源の産出から、最終処分までを含む、連続的でかつ相互に関連する製品（又はサービス）システムの段階群。
注記　ライフサイクルの段階には、原材料の取得、設計、生産、輸送又は配送（提供）使用、使用後の処理及び最終処分が含まれる。

また、環境側面を漏れなく決定するためには、インプットとアウトプットを考えるとよいでしょう。インプットとは事業場に投入されているものを考えることです。材料など目に見えるものだけでなく、電力などの形のないものも含まれます。

また、組織が影響を及ぼすことができる範囲を考えるためには、取引先を考えるといいかもしれません。廃棄物の排出についても環境側面になり得ますが、廃棄物も契約している処理業者に委託をしていますよね。物流に関しても委託をしている、というように外注先の洗い出しをすると、依頼している活動の要素も環境側面になり得ます。

■環境側面を考えるポイント

①インプット・アウトプットを考える（以下の例は附属書 A.6.1.2 から抜粋）。

インプット	原材料及び天然資源の使用、エネルギーの使用
アウトプット	大気への排出、水への排出、土地への排出、排出エネルギー［例えば、熱、放射、振動（騒音）、光］ 廃棄物及び／又は副産物の発生、空間の使用

②直接影響（組織が管理できる側面）、間接影響（組織が影響を及ぼすことができる側面）を考える。間接影響はすなわちライフサイクルを考慮するということにあたる（以下の例は附属書 A.6.1.2 から抜粋）。

— 施設、プロセス、製品及びサービスの設計及び開発
— 採取を含む、原材料の取得
— 倉庫保管を含む、運用又は製造のプロセス
— 施設、組織の資産及びインフラストラクチャの、運用及びメンテナンス
— 外部提供者の環境パフォーマンス及び業務慣行
— 包装を含む、製品の輸送及びサービスの提供
— 製品の保管、使用及び使用後の処理
— 廃棄物管理、これには、再利用、修復、リサイクル及び処分を含む

Q

半年後に新たな設備を導入することが決定しており、その新たな設備に関する環境側面を現時点で特定している。

POINT まだ導入していない設備も環境側面といえるのか？

A 解 説

「計画した又は新規の開発も考慮に入れる」と要求事項でも表現されているとおり、導入予定で現在は稼働していない設備を環境側面と考えることは否定されない。先に環境側面として決定することで、先んじて環境影響への対策をとることができる可能性がある。また、設計段階で環境配慮を組み込むことができる可能性もある。（解答○）

13 順守義務（6.1.3）

順守義務を満たすことは、EMSの意図する成果の一つです。ここでは、何が順守義務にあたるのかを漏れなく洗い出すプロセスが要求されています。

6.1.3では、組織が守るべきことの洗い出しを求めています。順守義務は、2004年版の規格では「法的及びその他の要求事項」と呼ばれていました。環境法令は、事業を行うにあたって、必ず順守しなければならない要求事項となります。その他の要求事項は、組織が採用することを決定した要求事項です。顧客との契約などに代表される約束や、業界の基準を順守すると決めたことなどがあります。法的なもの、その他のものを含めて、組織として守るべきものを整理することが要求されています。

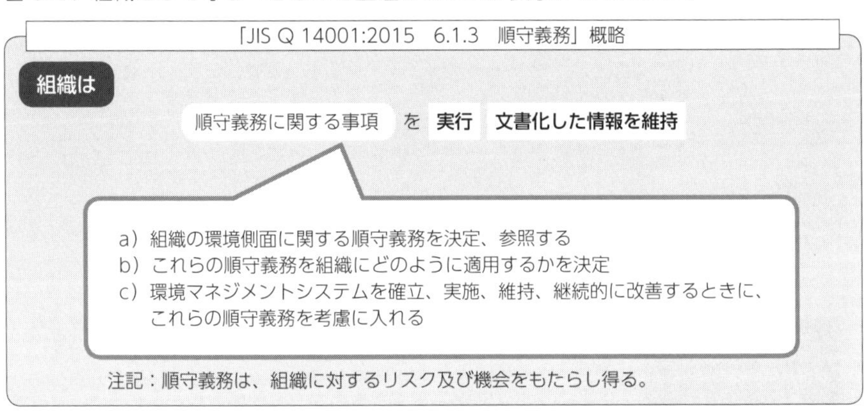

順守義務を守ることは、EMSの一つの要素であり、EMSの目的の一つでもあります。

環境マネジメントは、「リスク及び機会」「環境側面」「順守義務」の三つに対しての取組みを行っていくことです。この三つは、別々に整理していくことになりますが、実際には密接に関わっているでしょう。例えばどの企業も環境側面になり得るエネルギーに関して、過剰な使用は地球温暖化の原因となり得ます。一方、エネルギーの使用量を管理し把握することは、省エネ法などで定期報告が求められる場合があるなど、順守義務にも該当します。また、エネルギーの使用量を削減していくことは、コスト削減につながるなど「リスク及び機会」の機会としても捉えることができるでしょう。三つの観点から取り組むべき組織の課題を整理することになります。

■順守義務で含まれ得る内容の例（附属書 A.6.1.3）

強制的な法的要求事項	組織の環境側面に関連する強制的な法的要求事項には、適用可能な場合には、次が含まれ得る。 a）政府機関又はその他の関連当局からの要求事項 b）国際的な、国の及び近隣地域の法令及び規制 c）許可、認可又はその他の承認の形式において規定される要求事項 d）規制当局による命令、規則又は指針 e）裁判所又は行政審判所の判決
組織が採用しなければならない又は採用することを選ぶ、その他の要求事項	順守義務は、組織が採用しなければならない又は採用することを選ぶ、組織の環境マネジメントシステムに関連した、利害関係者のその他の要求事項も含む。これらには、適用可能な場合には、次が含まれ得る。 — コミュニティグループ又は非政府組織（NGO）との合意 — 公的機関又は顧客との合意 — 組織の要求事項 — 自発的な原則又は行動規範 — 自発的なラベル又は環境コミットメント — 組織との契約上の取決めによって生じる義務 — 関連する、組織又は業界の標準

Q

廃棄物に関係する法令が改正され、自社における新たな義務が生じたが、特定された順守義務の一覧表が改訂されていない。

POINT 順守義務の一覧表の改訂はどのようなときに求められるか？

A 解説

新たな義務が生じた段階で、順守義務の一覧表も改訂するべき。

順守義務とは、自社が順守しなければならない法令を特定し決める。順守しなければならない法令を組織がどのように対応して守るかを決める。組織の中で法令を守るための仕組みを維持するための自社のルールが十分か判断し、これを維持しなければならないということである。

一覧表を改訂した場合は、組織の中でどのように対応して、順守するためにどのように組織内を管理するか、管理状態をどのように監査して継続するかまでを求められるのが、EMS である。（解答×）

14 取組みの計画策定（6.1.4）

計画を作成する際には、環境側面・法規制・抽出したリスクなどから、環境面で意図した成果が出るよう検討します。同時に、事業プロセスとの統合も考えます。

6.1.4 は、6.1.1 ～ 6.1.3 でそれぞれ決定した、著しい環境側面・順守義務・リスク及び機会に対して取組みを計画することですが、それは 6.2 以降の要求事項を実行していくことと同じだとも考えられます。6.2（環境目標及び計画策定）、8.1（運用の計画及び管理）、8.2（緊急事態への準備及び対応）、9.1（パフォーマンス評価）などについて、どのように行うか、それがすなわち 6.1.4 に対応しているともいえるのです。

目標にするのかしないのか、監視、測定をするのかしないのかを決めることが要求事項として求められています。

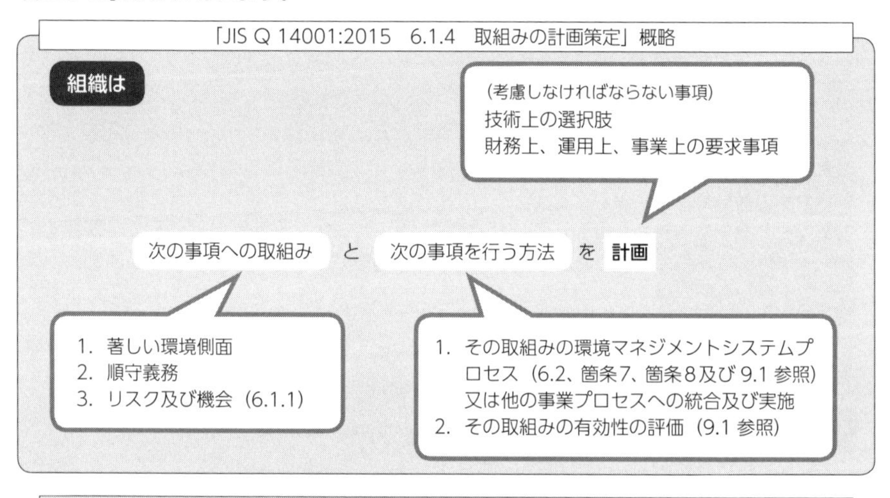

JIS Q 14001:2015　3.1.2　環境マネジメントシステム（environmental management system）

マネジメントシステム（3.1.1）の一部で、環境側面（3.2.2）をマネジメントし、順守義務（3.2.9）を満たし、リスク及び機会（3.2.11）に取り組むために用いられるもの。

JIS Q 14001:2015　附属書 A.6.1.4

組織は、組織が環境マネジメントシステムの意図した成果を達成するための優先事項である、著しい環境側面、順守義務、並びに 6.1.1 で特定したリスク及び機会に対して環境マネジメントシステムの中で行わなければならない取組みを、高いレベルで計画する。

ただ、これについては、その計画をするときに技術上の選択肢、財務上、運用上、事業上の要求事項を考慮します。つまり、著しい環境側面であるから、必ずしもすべてに関連する環境目標を確立しなければならないものではありません。また、パフォーマンス向上のために考えられる取組みを、すべて実行しなければならないものでもありません。

例えば、エネルギーの削減に関連した取組計画を考えた場合、省エネルギーを大きく進める一つの手段は最新の設備に更新することです。しかし、その設備更新にともなう投資が適切であるかどうかは、財務状況や、費用対効果を十分に検討してから判断しなければなりません。技術的に改善の手段が明らかになっていたとしても、その採用を強要することはありません。これは、事業プロセスとして当たり前のことだともいえます。

繰り返しになりますが、ISO14001 はあくまでもシステムであり、プロセスに対する要求事項を定めています。具体的な取組みのレベルや、選択肢を強要することはありません。あくまでも、規格の求めるプロセスを踏んだ上で、具体的な判断は組織に委ねられています。環境パフォーマンスの向上は、規格も組織も意図する成果ですが、その結果とシステムの有効性は別のものです。

Q

著しい環境側面として「工程における毒物の使用」が挙げられたが、毒物を使用しない工程へと変えることは技術上困難であるため、毒物の不使用などを環境目標にしなかった。

POINT 著しい環境側面について、すべて関連する環境目標が必要か？

A 解説

技術上の選択肢を考慮して、目標にしないことがあってもよい。著しい環境側面とは、課題であり、業務の中で、どのようにリスク低減するかを計画すればよい。特に環境マネジメントシステムでは、事業プロセスとの統合を確実にするというトップマネジメントの役割があり、事業全体としてリスクへの対応を計画する必要がある。（解答○）

15 環境目標（6.2.1）

環境目標が達成しやすくするための、施策の確立や、組織の方針に沿って、達成できる目標設定を要求しています。ただし、環境に関連する機能及び階層において確立します。

環境方針と整合させて、できる場合には測定可能なものにして、監視・伝達して、必要に応じて更新する環境目標を作るという要求事項です。2004 年版では環境目的と環境目標という使い分けがされていたのですが、環境目的の方がなくなり、環境目標に一本化されています。

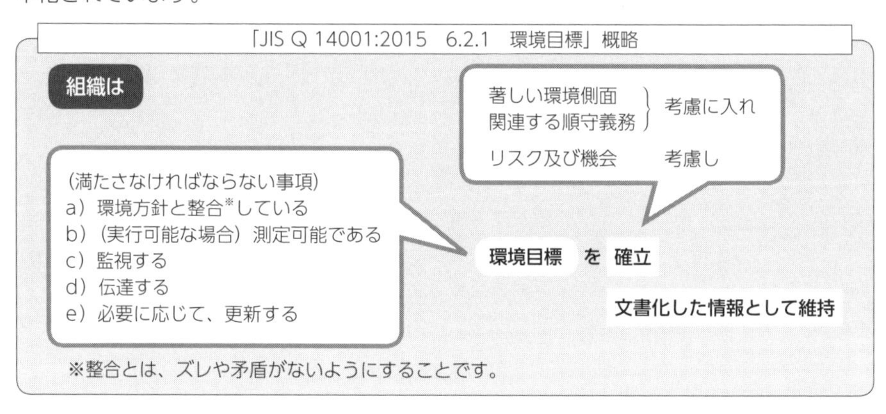

「6.2.1　環境目標」では、著しい環境側面、順守義務の二つについては「考慮に入れる」、リスク及び機会については「考慮する」というように使い分けが若干されています。英語が元々違っていて日本語訳も若干違うのですが、実は「考慮に入れる」の方がちょっと重たくて、「考慮する」の方が少し軽いという違いがあります。とはいえ、著しい環境側面と順守義務、リスク及び機会は密接に関連していますので、そういう意味では考慮に入れる、考慮するという言葉をあまり深く考える必要もなくて、三つに対して目標を作るという捉え方をすればよいです。

■二種類の「考慮」の違い

用語	英語	考慮すべき項目	除外の可否
考慮に入れる	take into account	著しい環境側面、順守義務	除外できない
考慮する	consider	リスク及び機会	除外できる

JIS Q 14001:2015　附属書 A.6.2

トップマネジメントは、戦略的、戦術的又は運用的レベルで、環境目標を確立してもよい。戦略的レベルは、組織の最高位を含み、その環境目標は、組織全体に適用できる。戦術的及び運用的レベルは、組織内の特定の単位又は機能のための環境目標を含み得るもので、組織の戦略的な方向性と両立していることが望ましい。

ISO9001の品質目標では、測定可能なものとすることが要求されています。一方ISO14001の目標においては、実行可能な場合というカッコ書きがあり、測定可能であることは必須ではありません。定量的に評価できる目標であることが望ましいですが、「○○を実施する」のように、定量的ではないプロセスに関する目標でも認められます。

環境目標を確立し、実施し、評価し、改善していくPDCAサイクルは、環境マネジメントの中心ともいえるものなので、環境目標を何に対して設定するか、またその目標値をどのレベルで設定するかは非常に重要です。事業プロセスと統合するという考え方からも、単に環境に対して負荷低減が図れるという目標ではなく、環境負荷低減と同時に売上や顧客評価などの事業の拡大にもつながる目標を設定したいものです。

そうすることで、達成できるか不確定な、挑戦的な目標を掲げる意義も生まれてきます。目標の達成ができないことに抵抗がある意識もありますが、ISO14001の考えからすれば、未達や不適合は、どんどん生まれるべきです。なぜならそれが改善の機会になり、結果として環境パフォーマンスの向上につながるからです。

Q

年度目標を設定したが、3カ月時点ですでに達成している。残り9カ月においてさらにパフォーマンスの向上が見込まれる状況だが、環境目標の更新を行っていない。

POINT　このような場合、目標の据え置きは果たして妥当なのか？

A 解説

年度途中であるが、目標の更新をすべきである。

結果の向上が見込まれるのに、目標を更新しないことは、組織の人々に「業務をするな」と言っていることになる。業務の目的は目標の達成であり、達成したのであれば、新たな結果を導き出す目標が必要であり、そのための計画も一緒に更新しなければならない。（解答×）

16 環境目標を達成するための取組みの計画策定（6.2.2）

計画は達成するために策定するのであり、認証のための明確化ではありません。達成するために、組織がどのようなマネジメントをシステム的に行うか、事業プロセスにどのような機会を与えるかが問われます。

6.2.1 で作った目標に対して、何をどのように実施するのかという要求事項です。ようやく本当に何をするのかという話を決めていくという意味で、この 6.2.2 の方が私たちの感覚でいう「計画」に近いのではないでしょうか。目標をどのように達成するかの計画を決定するにあたり、決定しなければならない事項がa）～ e）と決められています。実施事項、必要な資源、責任者、達成期限、結果の評価方法の 5 つです。この 5 つの要素を決定することが、一般的な計画であり、どれかが欠けていては、確実に実行される計画とはいえません。

「JIS Q 14001:2015　6.2.2　環境目標を達成するための取組みの計画策定」概略

組織は

（決定しなければならない事項）
a）実施事項
b）必要な資源
c）責任者
d）達成期限
e）結果の評価方法

（測定可能な環境目標の達成に向けた進捗を監視するための指標を含む）

環境目標をどのように達成するかについての計画 を **決定**

※環境目標を達成するための取組みを事業プロセスにどのように統合するか考慮する。

最後に※印が書いてあります。この取組みを事業プロセスにどのように統合するか考えて決めることが要求されています。エネルギーを使用する製品を製造する企業が、製品の省エネ性能向上を環境目標とした場合、おそらく製品開発のプロセスそのものが目標達成のための取組みになっているでしょう。そうであれば、ISO14001 のために別途取組みの計画表などを作成する必要はありませんよね。製品開発のフローという事業プロセスが、6.2.2 の要求事項に対応しています。この例は、事業プロセスそのものが、規格要求事項に対応する例であり、かつ、事業プロセスと統合する事例だといえます。

6.2.2の計画は目標を達成するために、具体的な取組みを決定するものです。より具体化していくことは、小さなPDCAサイクルを回していくことだともいえます。目標達成に関する進捗管理が大きなPDCAサイクルだとすると、計画の進捗管理は小さなPDCAサイクルです。小さなPDCAサイクルの積上げが、大きなPDCAサイクルを回していき、環境マネジメント全体のPDCAサイクルを構築していく一部になる、というイメージです。

PDCAサイクルは、一つだけのサイクルではなく、大小様々な単位で、またパフォーマンス向上と法令順守のサイクルのように、内容も異なるものを複数まわしていくものだと考えた方が、わかりやすいと思います。

Q

全社単位で定めた環境目標に対して、部門ごとに取組みを計画している。

POINT　環境目標を設定する単位と、取組みの計画策定を設定する単位が異なっていてもよいのか？

A　解説

6.2.1 環境目標の確立と、6.2.2のように、密接に関連する要求事項であったとしても、それぞれの設定単位が異なっていて構わない。

ただし、部門ごとに計画した事項をすべて達成すると、全社の環境目標が達成できるような各部門の取組みとする必要がある。つまり、目標と取組みの整合性を持つように計画する必要がある。（解答○）

17 支援（資源（7.1）／力量（7.2））

組織の力量とは何でしょう。組織に属する人々の力量の合計ではありません。組織に割り当てられた業務を運用するために、必要となる教育、訓練及び経験を、組織の人々が保有し維持していなければなりません。

7.1は、組織は必要な資源を決定して提供するという要求事項です。環境マネジメントのすべてのプロセスにおいて、必要なリソースを割くことを求めています。必要な資源を一覧にする必要はなく、EMSとして適切に進められれば、それでいいと捉えられます。資源とは、よくヒト、モノ、カネといわれます。ヒトの中には、個人という意味も含まれますが、その一人ひとりが持っている知識や経験も、資源の中に含まれます。

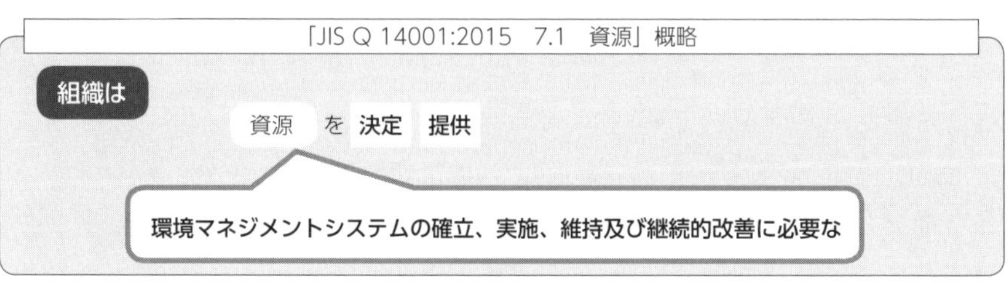

「JIS Q 14001:2015　7.2　力量」概略

組織は

力量に関する事項　を　**実行**　**文書化した情報を保持**（力量の証拠として）

a）組織の管理下で業務を行う人に必要な力量を決定する

・組織の環境パフォーマンスに影響を与える業務
・順守義務を満たす組織の能力に影響を与える業務

b）人々が力量を備えていることを確実にする（適切な教育、訓練又は経験に基づいて）
c）教育訓練ニーズ（環境側面・環境マネジメントシステムに関する）を決定する
d）必要な力量を身に付けるための処置をとり、とった処置の有効性を評価する
（該当する場合には必ず）

（処置の例）教育訓練の提供、指導の実施、配置転換の実施、力量を備えた人々の雇用・契約締結

7.2の力量の要求事項では、組織の環境パフォーマンスに影響を与える業務、順守義務を満たす組織の能力に影響を与える業務を組織の管理下で行う人に必要な力量を決定

することが求められています。環境マネジメントに関しては、公害防止管理者や特別管理産業廃棄物管理責任者などの、法令に基づく有資格者を任命することも、力量を持つ者を配置することになります。

力量というのは組織の全員を対象にしていないと考えましょう。プロフェッショナル、例えば環境に対して影響を与える作業を行う人、この操作をミスしてしまうと有害な影響が出てしまうおそれのある作業をする人が含まれます。また、内部監査をする人は、内部監査教育を受けた人でないとダメだということも力量に含まれると捉えられます。また、勤続年数や職位のように、既存の仕組みを力量と捉えることもできます。

JIS Q 14001:2015　3.3.1　力量（competence）

意図した結果を達成するために、知識及び技能を適用する能力。

JIS Q 14001:2015　附属書 A.7.2　力量

a）著しい環境影響の原因となる可能性をもつ業務を行う人
b）次を行う人を含む、環境マネジメントシステムに関する責任を割り当てられた人
　1）環境影響又は順守義務を決定し、評価する。
　2）環境目標の達成に寄与する。
　3）緊急事態に対応する。
　4）内部監査を実施する。
　5）順守評価を実施する。

JIS Q 14001:2015　附属書 A.3　概念の明確化

“組織の管理下で働く人（又は人々）”という表現は、組織で働く人々、及び組織が責任をもつ、組織のために働く人々（例えば、請負者）を含む。この表現は、旧規格で用いていた“組織で働く又は組織のために働く人”という表現に置き換わるものである。この新しい表現の意味は、旧規格から変更していない。

力量について、特定の力量ごとの有資格者リストと、個人ごとに保有する力量一覧の二つの書式で管理しているが、前者の更新のみで後者は更新しなかった。

POINT　力量把握のために必要なことが適切にされているか。

異動や退職などにも対応して、必要な部門に有資格者を配置するためには、特定の力量ごとの有資格者リストが管理しやすいだろう。一方、個人の評価の視点では、個人ごとの力量一覧が必要である。データベース化するなど、根本的な解決策も考えられるが、力量の記録を二つの書式で管理すると決めているのであれば、必要な書類の更新が行われていないのは不適合だといえる。（解答×）

18 支援（認識（7.3））

事業プロセスを運用する中で、組織の全員が環境方針・環境側面・環境影響を意識し、やってはいけないことを理解し、マネジメントシステムの有効性を高めます。

組織で働く人は、必ず一人ひとりが役割を持っています。マネジメントは、一人ひとりの業務のプロセスをつないだ全体のプロセスともいえるので、環境マネジメントにおいても、何らかの形ですべてのメンバーが関わっています。

そこで7.3では、組織全体に関わる環境方針、著しい環境側面とその環境影響が自身の業務とどう関わるか、組織の目指す環境パフォーマンス向上にどのように関わり貢献できるか、EMSに取り組む意味について、一人ひとりが理解するためのプロセスが要求されています。d）に含まれる、順守義務を満たさないことの意味とは、環境法令に違反した場合の罰則や、社会的に信頼を失うリスクだと捉えればよいでしょう。

これは、全従業員向けの教育というイメージです。雇入れ時の説明に組み込むことも考えられます。すべてのメンバーが確実に把握することが認識だといえます。

「JIS Q 14001:2015　7.3　認識」概略

組織は

管理下で働く人々 が **認識を持つことを確実に**

a）環境方針
b）・自分の業務に関する著しい環境側面
　　・それに伴う環境影響（顕在する又は潜在的な）
c）環境マネジメントシステムの有効性に対する自らの貢献
　　（環境パフォーマンスの向上によって得られる便益を含む）
d）環境マネジメントシステム要求事項に適合しないことの意味
　　（組織の順守義務を満たさないことを含む）

実際の監査の場面で、担当者が実施すべきことを忘れていたなどが原因の不適合があったとします。その特定の担当者の意識が足りなかった、認識不足だったとして、7.3を不適合の根拠だと考えるのは、おそらくふさわしくありません。「担当者の認識不足」

という表現は正しいものだと思いますが、7.3 の認識の要求事項が求めているのは、組織のすべての人々が認識すべきレベルの事項です。もしも、担当者の行動に問題があったのであれば、必要な力量を仕組みとして考えるべきだったのではないか、という 7.2 の視点が疑われます。あるいは、実施したことを確認するプロセスが足りなかったのではないかという視点で、「9　パフォーマンス評価」の要求事項が疑われるなど、本質的に改善するための原因追及が必要になります。

「認識」という言葉の表現に、7.3 の内容が引きずられないようにしましょう。

JIS Q 14001:2015　附属書 A.7.3

環境方針の認識を、コミットメントを暗記する必要がある又は組織の管理下で働く人々が文書化した環境方針のコピーをもつ、という意味に捉えないほうがよい。そうではなく、環境方針の存在及びその目的を認識することが望ましく、また、自分の業務が、順守義務を満たす組織の能力にどのように影響を与え得るかということを含め、コミットメントの達成における自らの役割を認識することが望ましい。

Q

認識を持たせるために環境一般教育を実施しているが、部署内のメンバーの受講率が 95% であり、全員でない。

POINT　100%の受講率でなければ、認識したといえないだろうか。

A　解説

認識は全従業員に持たせるべきなので、受講率 100% とすべき。

「環境パフォーマンスの向上」とはどのようなことか。

組織の人々が環境に対する影響を適切に捉え、自分の業務の中に与える影響を把握している必要がある。「環境パフォーマンス」は組織のすべての人々の参加により、初めてできたといえる。つまり「向上」させるためには、全員である必要がある。（解答×）

19 支援（コミュニケーション（7.4））

組織の状況を正しく把握するためには、組織外と組織内の正しい情報を入手し、業務を運用しなければなりません。誤った情報や思い込み・勘違いを防ぎ、マネジメントシステムの有効性を高めます。

コミュニケーションは、「7.4.1　一般」、「7.4.2　内部コミュニケーション」、「7.4.3 外部コミュニケーション」とわかりやすい構成になっています。「内部コミュニケーション」と「外部コミュニケーション」に共通する内容が「一般」に示されています。

「JIS Q 14001:2015　7.4.1　一般」概略

組織は 内部及び外部のコミュニケーションプロセス を **確立** **実施** **維持**

（含むべき事項）
a）コミュニケーションの内容
b）コミュニケーションの実施時期
c）コミュニケーションの対象者
d）コミュニケーションの方法

（行わなければならない事項）
順守義務を考慮に入れる
伝達される環境情報が、環境マネジメントシステムにおいて作成される情報と整合し、信頼性があることを確実にする

環境マネジメントシステムに関連するコミュニケーション に **対応**

必要に応じて
コミュニケーションの証拠として } **文書化した情報を保持**

「JIS Q 14001:2015　7.4.2　内部コミュニケーション」概略

組織は 内部コミュニケーションに関する事項 を **実行**

a）環境マネジメントシステムに関連する情報の階層及び機能間での内部コミュニケーション （環境マネジメントシステムの変更を含め）（必要に応じて）
b）コミュニケーションプロセスが、組織の管理下で働く人々の継続的改善への寄与を可能にすることを確実に

「JIS Q 14001:2015　7.4.3　外部コミュニケーション」概略

組織は （環境マネジメントシステムに関連する情報について）

外部コミュニケーション を **実行** ＜ コミュニケーションプロセスによって確立したとおりに順守義務による要求に従って

7.4.2のb）では、コミュニケーションプロセスが、組織の管理下で働く人々の継続的改善への寄与を可能にするという要求事項があります。これは、組織のメンバーがEMSに関し、「もっとこうしたらいい」といったアイデアが生まれたときにそれをちゃんと吸い上げる仕組みを作っておきなさいということです。環境マネジメントに関する目安箱のような制度のイメージです。

7.4.1の「一般」でも、順守義務を考慮に入れてコミュニケーションプロセスを確立することが要求され、7.4.3でも、順守義務による要求に従うという事項が入っています。コミュニケーションになぜ順守義務が関係あるのかというと、行政に届出や報告を出す対応も、外部コミュニケーションに入ってくるからであると考えます。

JIS Q 14001:2015　附属書A.7.4

コミュニケーションは、次の事項を満たすことが望ましい。

a）透明である。すなわち、組織が、報告した内容の入手経路を公開している。
b）適切である。すなわち、情報が、関連する利害関係者の参加を可能にしながら、これらの利害関係者のニーズを満たしている。
c）偽りなく、報告した情報に頼る人々に誤解を与えないものである。
d）事実に基づき、正確であり、信頼できるものである。
e）関連する情報を除外していない。
f）利害関係者にとって理解可能である。

外部からの苦情に対しては記録を残すことと決められていたが、騒音の苦情対応の記録を残していなかった。

POINT　コミュニケーションプロセスとして定めた仕組みが機能しているといえるか。

残すと決めた記録を残さないのはNG。コミュニケーションプロセスで定めたとおりに対応できていない事実が明らかであり、不適合であるといえる。

「外部からの苦情」は、事業の継続においても対応が必要なコミュニケーションであり、今後繰り返し発生することも予期できる情報になる。そのため、記録を残すことで、類似の事象が発生した場合は、以前発生した事象の再発防止策の検討結果を活用することができるだろう。（解答×）

20 支援（文書化した情報（7.5））

EMSで必要な情報は、組織が事業プロセスを運用する組織の知識として必要です。情報を残さないと、改善するための過去の情報を確認できず、継続的改善ができません。

「7.5.2　作成及び更新」では、「適切な識別及び記述」「適切な形式」「適切なレビュー及び承認」と、適切という単語が何度も出てきます。様々な表現がされていますが、しっかりと目的を果たすようなやり方であればどのような文書作成の方法でもいいと捉えてよいと思います。例えば、紙で配布をするのがいいのか、掲示をするのがいいのか、あるいはサーバー上にアップするのがいいのか、英語なのか日本語なのか、文書作成のポイントは様々あります。ただし、タイトルや、日付や、作成者や、参照番号などを適切に記録しておかないと、後からさかのぼって見たときに何の文書かわかりません。そのような文書作成はしないように、という要求事項です。

7.5.3は「文書化した情報の管理」なので、でき上がった文書をどう管理するかということです。必要なときに、必要なところで、入手可能な状態で十分に保護されていることであり、必要があれば配布をしたり、アクセスや保存のルールを作ったりと、これも当たり前のことが要求されています。

その意味で、マネジメント文書を作成するときには、図を入れたり、組織内の独自の用語の定義を明確にしたり、組織内に伝わることを目的にして、工夫を重ねることが重要だといえます。作成しても、読みにくいからと読まれることがない文書では意味がありませんし、探したときにどこにあるのか見つからないような管理体制でも、ムダが発生してしまいます。

「JIS Q 14001:2015　7.5.1　一般」概略

環境マネジメントシステムは次の事項を含まなければならない

a）この規格が要求する文書化した情報
b）環境マネジメントシステムの有効性のために必要であると組織が決定した、文書化された情報

注記：文書化した情報の程度はそれぞれの組織で異なる場合がある

「JIS Q 14001:2015　7.5.2　作成及び更新」概略

文書化した情報を作成、更新する際には次の事項を確実にする

a）適切な識別及び記述（タイトル、日付、作成者、参照番号など）
b）適切な形式（言語、ソフトウェア、図表など）及び媒体（紙、電子など）
c）適切性及び妥当性に関する、適切なレビュー及び承認

「JIS Q 14001:2015　7.5.3　文書化した情報の管理」概略

文書化した情報は次の事項を確実にするために管理する

a）必要なときに、必要なところで、入手可能かつ利用に適した状態である
b）十分に保護されている（機密性の喪失・不適切な使用・完全性の喪失からの保護など）

文書化した情報を管理するにあたり次の行動に取り組む（該当する場合、必ず）

配布、アクセス、検索及び利用
保管及び保存（読みやすさが保たれていること）
変更の管理（版の管理など）
保持及び廃棄

（組織が必要と決定した）外部からの文書化した情報は、必要に応じて識別して、管理

注記：アクセスとは、閲覧だけの許可・変更の権限に関する決定を意味し得る

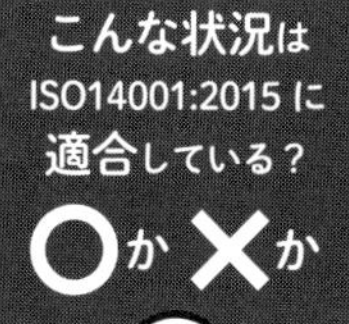

環境マニュアルを紙の文書として各部署に配布せず、社内イントラネット上にのみデータとして存在する状態とした。

POINT　環境マニュアルという「文書化した情報」は紙の文書である必要があるか。

マニュアルはデータとして存在する形でも問題ない。

EMS の適用範囲の人々が、環境関連の業務を行う場合のルールを見ることができれば、目的を達成しているといえる。規格では「媒体」であり「例えば紙」と記載している。組織の中で、必要な場合のみ「紙」を使用すると活動組織が決めることも問題ない。（解答○）

21 運用（運用の計画及び管理（8.1））

運用の方法は、組織の活動をプロセス（内部を詳細なプロセスとしてもよい）と考えて、最適なインプットにより、最大の効果をアウトプットできるようにします。

規格の大分類の7と8がPDCAサイクルのうち、Do（やる・実行する）という部分にあたります。7は、資源、力量、認識、コミュニケーション、文書のように、本当に「Do＝実施する」というよりも、実施にあたっての事前準備や、実施するときのルールを定める要素も含まれています。一方で、本当に「実施する」という部分は8.1になっています。

8.1はボリュームが非常に多いですが、中心となる要素は「6.1と6.2の取組みを実施するために必要なプロセスを確立・実施・管理・維持する」ことです。6.1と6.2は計画のすべてです。計画のすべてに対する取組みですから、EMSで実施すると決めたことのすべてであるといえます。

実施のために必要なプロセスがあるならば、それを確立し、実施し、管理し、維持して、文書化した情報を維持するという要求事項となります。すべてのプロセスについて、手順書などの文書を求めているわけではありません。文書化しないとプロセスが実行できないなら文書化する、文書化したプロセスを確立するのであれば文書化するという運用を含めるということです。

やるべきことができていないということに対しては、8.1で不適合となります。内部監査でも外部監査でも8.1での不適合は一番多い傾向があります。実際に、内部監査をするときにこの不適合の見るべきポイントとしても8.1は多いと考えてください。

8.1の要求事項は2つに分けて考えましょう。右の図の真ん中より上の部分は組織の中で実施をするもので、下の方は外部委託したプロセスなど、組織の外に対しても要求事項を決めてそれを伝え、管理をするということが含まれます。外部に関する要求事項には、ライフサイクルの視点にしたがって設計及び開発においての管理を確立する、調達に関する環境上の要求事項を決定する、調達先や請負者などの外部提供者に対して要求事項を伝達するなどが含まれます。つまりDoの中でも組織の中のDoと組織の外に対するDoと、両方の要素があると捉えましょう。

「JIS Q 14001:2015　8.1　運用の計画及び管理」概略

組織は

環境マネジメントシステム要求事項を満たし
・6.1（リスク及び機会への取組み）
・6.2（環境目標及びそれを達成するための計画策定）
の取組みを実施するために必要なプロセス　を　**確立**　**実施**　**管理**　**維持**

プロセスに関する運用基準の設定
その運用基準に従った、プロセスの管理の実施

計画した変更　を　**管理**

意図しない変更によって生じた結果　を　**レビュー**

（必要に応じて）有害な影響を緩和する処置　を　**実行**

外部委託したプロセスが管理されている又は影響を及ぼされていることを確実に
（管理する又は影響を及ぼす方式及び程度は、環境マネジメントシステムの中で定めなければならない）

ライフサイクルの視点に従って、　次の事項　を　**実行**

a）ライフサイクルの各段階を考慮して、製品又はサービスの設計及び開発プロセスにおいて、環境上の要求事項が取り組まれていることを確実にするために、管理を確立する（必要に応じて）
b）製品及びサービスの調達に関する環境上の要求事項を決定する（必要に応じて）
c）請負者を含む外部提供者に対して、関連する環境上の要求事項を伝達する
d）製品及びサービスの輸送又は配送（提供）、使用、使用後の処理及び最終処分に伴う潜在的な著しい環境影響に関する情報を提供する必要性について考慮する

（プロセスが計画通りに実施されたという確信をもつために必要な程度の）**文書化した情報を維持**

JIS Q 14001:2015　附属書 A.8.1

運用管理の方式及び程度は、運用の性質、リスク及び機会、著しい環境側面、並びに順守義務によって異なる。組織は、プロセスが、有効で、かつ、望ましい結果を達成することを確かにするために必要な運用管理の方法を、個別に又は組み合わせて選定する柔軟性をもつ。こうした方法には、次の事項を含み得る。
a）誤りを防止し、矛盾のない一貫した結果を確実にするような方法で、プロセスを設計する。
b）プロセスを管理し、有害な結果を防止するための技術（すなわち、工学的な管理）を用いる。
c）望ましい結果を確実にするために、力量を備えた要員を用いる。
d）規定された方法でプロセスを実施する。
e）結果を点検するために、プロセスを監視又は測定する。
f）必要な文書化した情報の使用及び量を決定する。

JIS Q 14001:2015　3.3.4　外部委託する（outsource）

ある組織（3.1.4）の機能又はプロセス（3.3.5）の一部を外部の組織が実施するという取決めを行う。
注記　外部委託した機能又はプロセスはマネジメントシステム（3.1.1）の適用範囲内にあるが、外部の組織はマネジメントシステムの適用範囲の外にある。

■ EMS の適用範囲

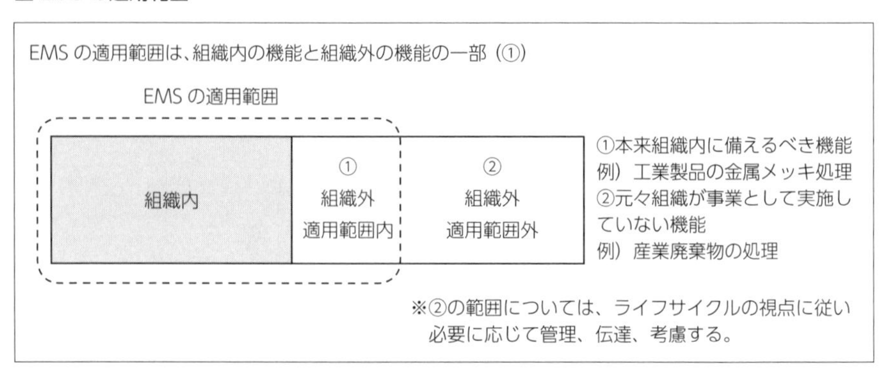

「外部委託したプロセス」については、正しい理解が難しいです。

「外部委託したプロセスとは、次の全ての事項を満たすものである」と定義されています。

— 環境マネジメントシステムの適用範囲の中にある。
— 組織が機能するために不可欠である。
— 環境マネジメントシステムが意図した成果を達成するために必要である。
— 要求事項に適合することに対する責任を組織が保持している。
— そのプロセスを組織が実施していると利害関係者が認識しているような、組織と外部提供者との関係がある。

と挙げられています。

また、「外部委託したプロセスが管理されている又は影響を及ぼされていることを確実にしなければならない」ということが要求事項になっています。つまり組織の外部に委託しているような業務であったとしても、組織が行っていると対外的には認識されるような行為が外部委託したプロセスの行為というイメージです。これも適用範囲の中にあるという考え方をしていくということになります。

JIS Q 14001:2015　附属書 A.8.1

組織は、外部委託したプロセス若しくは製品及びサービスの提供者を管理するため、又はそれらのプロセス若しくは提供者に影響を及ぼすために、自らの事業プロセス（例えば、調達プロセス）の中で必要な管理の程度を決定することとなる。この決定は、次のような要因に基づくことが望ましい。

— 次を含む、知識、力量及び資源
— 組織の環境マネジメントシステム要求事項を満たすための外部提供者の力量
— 適切な管理を決めるため、又は管理の妥当性を評価するための、組織の技術的な力量
— 環境マネジメントシステムの意図した成果を達成する組織の能力の重要性、並びにその能力に対して製品及びサービスが与える潜在的な影響
— プロセスの管理が共有される程度
— 一般的な調達プロセスを適用することを通して必要な管理を達成する能力
— 利用可能な改善の機会

廃棄物の分別徹底を環境目標にしている。分別方法について手順書は作成していないが、廃棄物置き場に設置している表示をわかりやすくすることで分別の徹底を目指した。

POINT　手順書を作らない形での運用管理の方法も認められるのか。

A　解説

手順書は「必要に応じて」作ればよいので場合によっては、なくても構わない。

目的は「廃棄物の分別徹底」であり、「手順書作成」が目的ではない。組織の人々が、適切に「廃棄物の分別」をすることを目標にしているのであれば、分別が確実にできるための運用をすることが、「意図した成果」を達成することになる。（解答〇）

22 運用（緊急事態への準備及び対応（8.2））

想定されるトラブルや、過去に発生した重大な影響が起こった（起こりそうだった）事象を検討し、損害を最少にし、最短で現状復帰するために、対応必要事項を明確にし、計画して対応します。

「8.2　緊急事態への準備及び対応」については、8.1 の要求事項とほぼ同じです。緊急事態を決定するプロセスは、6.1.1 で要求されていました。

8.2 の要求事項を見ると、具体的に実施する内容が a) b) c) d) e) ……と順番に書いてあります。

「JIS Q 14001:2015　8.2　緊急事態への準備及び対応」概略

組織は

（6.1.1 で特定した）
潜在的な緊急事態への準備及び対応のために必要なプロセスを **確立** **実施** **維持**

（プロセスが計画通りに実施されたという確信をもつために必要な程度の） **文書化した情報を維持**

緊急事態への準備及び対応に係る事項 を **実行**

a）対応を準備する
（緊急事態からの有害な環境影響を防止又は緩和するための処置の計画によって）

b）顕在した緊急事態に対応する

c）緊急事態及びその潜在的な環境影響による結果を防止又は緩和するための処置をとる
（緊急事態及びその潜在的な環境影響の大きさに応じて）

d）計画した対応処置を定期的にテストする（実行可能な場合には）

e）プロセス及び計画した対応処置をレビューし、改訂する
（定期的に、また特に緊急事態の発生後又はテストの後には）

f）緊急事態への準備及び対応についての関連する情報及び教育訓練を、組織の管理下で働く人々を含む利害関係者に提供する（必要に応じて）

まず、「a）緊急事態からの有害な環境影響を防止又は緩和するための処置を計画することによって、対応を準備する。」とあります。例えば、油の流出という緊急事態に対して防油堤を準備するのか、あるいは吸着剤を準備するのか、もし漏れてしまったら

どのような対応が必要か、用意しておくべきものは何かを検討し、準備をすることです。

そして、「b）顕在した緊急事態に対応する。」とあります。この顕在というのは、緊急事態が起きた、油が漏れたということです。タンクが破損したという状況であれば対応するのは、当たり前ですよね。そして、その大きさに応じて「c）緊急事態による結果を防止または緩和するための処置」をとります。さらに、実行可能な場合には、「d）定期的にテスト」をします。緊急事態が発生したり、テストの後には「e）処置をレビューし、改訂」します。そして、これに関する「f）情報及び訓練」を利害関係者に提供します。

緊急事態を想定して、準備して事故が起きたら対応して、そのテストを行い、見直しをするという、非常に大事な、しかし当たり前のことが書いてあると捉えてください。

緊急事態にはどんなものが特定されているでしょうか。一番多いのは、重油のタンクなどがあって、これがもし割れてしまったら、流出してしまったらということを緊急事態に特定している場合が多いでしょう。ここでいう規格要求事項としての緊急事態とは、例えば、法令違反などがあり、摘発されて警察が来たというような話ではなくて、事前に想定できる緊急事態をイメージしています。事前に想定できるような緊急事態になりますので、それらの緊急事態に対して準備をし、テストをして、もしそのような事態が起きても適切に対応して、環境への影響をきちんと低減するよう準備をすることが目的です。

Q

灯油タンク破損時の灯油流出を、緊急事態と特定し、対応手順を確立しているが、その手順を定期的にテストしていない。

POINT 特定した緊急事態に対して行わなければならないことは何か。

A 解説

定期的なテストがなぜ必要か。テストは想定される緊急事態発生時の損害を最小限にするために、事前に問題がないかを確認するプロセスである。特に内外の状況の変化により、以前に想定した事態が変化した場合、緊急時に再検討していては、対応に時間がかかり損害が拡大してしまう可能性が推定される。緊急事態が発生した場合に想定内で損害を最小限に食い止められるように、必ず「定期的なテスト」が必要になる。ただし、すべての対応処置についてのテストが必要なわけではなく、特定した事項を手順に沿って定期的にテストすれば足りる。（解答×）

23 パフォーマンス評価（監視、測定、分析及び評価——一般（9.1.1））

EMSで実施された業務は、評価が必要であり、評価をしないと、実施することだけが目的になってしまいます。正確に監視、測定しないと、同じことを繰り返してしまい、改善できません。

9.1では環境パフォーマンスを監視、測定、分析、評価をして、その文書化した情報を保持することが要求されています。監視、測定する対象を決めて、監視、測定を行う際には、校正、検証された機器を使い、環境パフォーマンスやEMSの有効性を評価し、それに伴ってコミュニケーションを実行することまで要求に入っています。パフォーマンスのチェックをして、チェックの結果がよくない場合は、何らかの手を打つところまで含まれています。

私自身も監視、測定に関連して誤解をしていたのは、製品に含有する有害物質の割合を測るなどのように、とても精密なものだけを指していると思っていたことです。しかし、そうではありません。

例えば、オフィスのエネルギーの消費量削減を目標に立てることを例にすれば、毎月のエネルギーの使用量のチェックにおいて、難しい測定はありません。電力会社から毎月送られるデータを見て、何kW使ったと確認するだけです。これも、立派な9.1の監視、測定プロセスにあたります。

環境パフォーマンスの中には測定だけでなく、法令が守られているかどうかも含まれますし、目標を掲げたものを毎月チェックしていくことも含まれています。

「JIS Q 14001:2015　9.1.1　監視、測定、分析及び評価――一般」概略

組織は

環境パフォーマンス　を　**監視**　**測定**　**分析**　**評価**

（結果の証拠として、適切な）**文書化した情報を保持**

監視、測定、分析、評価に関する事項　を　**決定**

a）監視及び測定が必要な対象

b）妥当な結果を確実にするための、監視、測定、分析及び評価の方法（該当する場合には、必ず）

c）組織が環境パフォーマンスを評価するための基準及び適切な指標

d）監視及び測定の実施時期

e）監視及び測定の結果の、分析及び評価の時期

（必要に応じて）校正又は検証された監視機器及び測定機器　を　**使用**　**維持**（されていることを確実に）

環境パフォーマンス及び環境マネジメントシステムの有効性　を　**評価**

内部と外部の双方のコミュニケーション　を　**実行**

コミュニケーションプロセスで特定したとおりに　かつ　順守義務による要求に従って関連する環境パフォーマンス情報について

3.4.8　監視（monitoring）	システム、プロセス（3.3.5）又は活動の状況を明確にすること。 注記　状況を明確にするために、点検、監督又は注意深い観察が必要な場合もある。
3.4.9　測定（measurement）	値を決定するプロセス（3.3.5）。
―　分析（analysis）	ある事柄の内容・性質などを明らかにするため、細かな要素に分けていくこと。
―　評価（evaluation）	物の善悪・美醜などを考え、価値を定めること。
―　基準（criteria）	物事を比較・判断するよりどころとなる一定の標準。
3.4.7　指標（indicator）	運用、マネジメント又は条件の状態又は状況の、測定可能な表現。
3.4.6　有効性（effectiveness）	計画した活動を実行し、計画した結果を達成した程度。

JIS Q 14001:2015　附属書 A.9.1

監視、測定、分析及び評価のために組織が用いる方法は、次の事項を確実にするために、環境マネジメントシステムの中で定めることが望ましい。

a）監視及び測定のタイミングが、分析及び評価の結果の必要性との関係で調整されている。

b）監視及び測定の結果が信頼でき、再現性があり、かつ追跡可能である。

c）分析及び評価が信頼でき、再現性があり、かつ、組織が傾向を報告できるようにするものである。

環境パフォーマンスの分析及び評価の結果は、適切な処置を開始する責任及び権限を持つ人々に報告することが望ましい。

24 パフォーマンス評価（監視、測定、分析及び評価―順守評価（9.1.2））

組織が守らなければならない、または守るべきと決めた順守義務について、9.1.1の一般的な監視、測定に加えて、さらなる要求事項を定めています。順守義務を満たすことは、それほど環境マネジメントにおいては重要なのです。

「9.1.2　順守評価」は、「9.1.1　一般」で要求されている内容と、求められていることは共通しています。環境パフォーマンスについてチェックをして、手を打つべきところは打つということを9.1.1では要求していました。さらに9.1.2では順守義務を満たしていることを評価するために、特別にチェックの仕組みを作ることを要求しています。評価する対象となる順守義務は6.1.3で決定していた、法的その他の要求事項です。法律などの組織として守らなければならない順守義務について、守られているかどうかをチェックするプロセスを構築します。

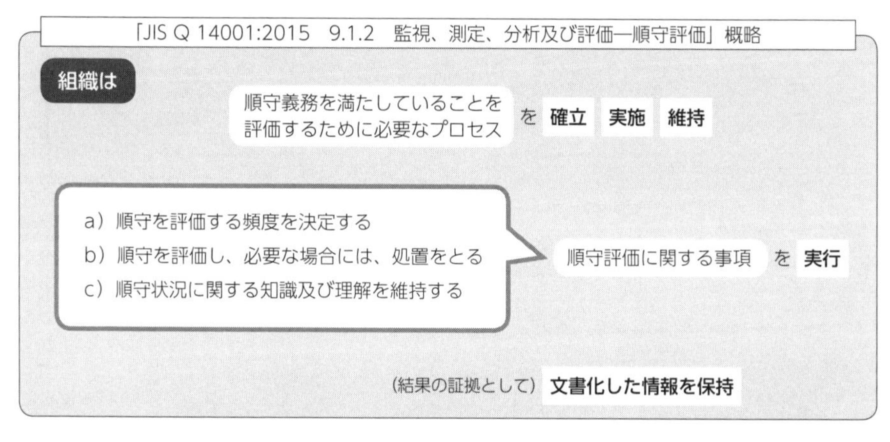

c）には「順守状況に関する知識及び理解を維持する」という要求事項が含まれています。これは、順守評価をする者の力量を確保するべきであるという主旨だと捉えます。

ある組織において、毎年法律に基づいて提出しなければならない書類を出してないということがありました。そこで、ISO14001の順守評価はどうなっているのか確認すると、順守義務として特定されており、チェック表においては「〇」が付けられていました。つまり、チェックがちゃんと機能しておらず、9.1.2において不適合が疑われる状況です。なぜ機能していないのかと見てみると、評価する人がその書類がどんなものなのかということをわかっておらず、「出したのね？」「はい、出しました」といったインタビューのやりとりのみで「○」と評価しており、まったく意味のないものになっていました。そのような状況を防ぎたいというメッセージです。

順守評価をする者が、その内容を理解して評価する仕組みを作っていかなければ、有効な環境マネジメントにはなりません。

> **JIS Q 14001:2015　附属書 A.9.1.2**
>
> 順守評価の頻度及びタイミングは、要求事項の重要性、運用条件の変動、順守義務の変化、及び組織の過去のパフォーマンスによって異なることがある。組織は、順守状況に関する知識及び理解を維持するために種々の方法を用いることができるが、全ての順守義務を定期的に評価する必要がある。

こんな状況は ISO14001:2015 に適合している？ ○か ×か

異動して間もなく、前の部署で法令に関わる業務を実施していなかった人を順守評価の実施者とした。

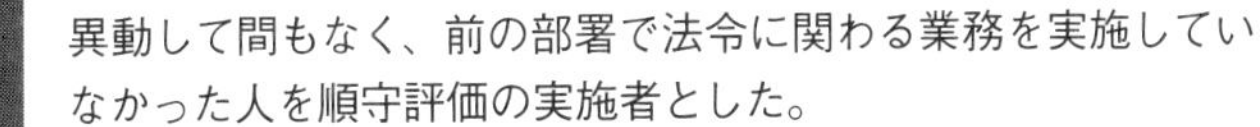

解説

順守評価の実施者には「力量」がなければならない。

順守評価とは、手順書に書かれたチェック事項や手順に沿ってそのまま確認することではない。評価とは、基準を満たしているかを判断するために、基準を理解している必要がある。基準に達していない場合は、適切な対応を考える力量も必要となる。さらに、必要な力量を、維持するための教育記録などがあればなおよい。（解答×）

25 パフォーマンス評価（内部監査ー一般(9.2.1)／内部監査プログラム(9.2.2)）

被監査組織／監査委員双方に有効な内部監査ができるように、内部監査の目的を決定し、内部監査を行います。通常は組織が決めた力量を有する内部監査員にて計画される。

9には、内部監査とマネジメントレビューが含まれています。「9.2　内部監査」については、適合性監査だけではなく有効性監査という視点も大事であり、規格の要求事項として求められています。

「JIS Q 14001:2015　9.2.1　一般」概略

組織は 内部監査 を **実施** ― あらかじめ定められた間隔で

環境マネジメントシステムに関する情報を提供

・環境マネジメントシステムに関して、組織が規定した要求事項に適合しているか
・この規格の要求事項に適合しているか
・環境マネジメントシステムが有効に実施され、維持されているか

「JIS Q 14001:2015　9.2.2　内部監査プログラム」概略

組織は 内部監査プログラム を **確立** **実施** **維持** **文書化した情報を保持**（実施及び監査結果の証拠として）

（含まなければならない事項）
内部監査の頻度・方法・責任・計画要求事項・報告

（プログラム確立時に考慮に入れるべき事項）
関連するプロセスの環境上の重要性
組織に影響を及ぼす変更
前回までの監査の結果

内部監査プログラムに関する事項 を **実行**

a）各監査について、監査基準及び監査範囲を明確にする
b）監査プロセスの客観性及び公平性を確保するために、監査員を選定、監査を実施
c）監査の結果を関連する管理層に報告することを確実にする

なにより、内部監査とは、環境マネジメントを行うにあたって必ず必要なプロセスです。

内部監査プログラムを確立し、実施し、維持するというプロセスは、具体的には内部監査を、いつ誰がどういうふうにやるのか、きちんと決めて実行するということです。実行をするというのは、監査基準及び監査範囲を明確にして、客観性、公平性を確保できるような監査員を選定して、そしてマネジメント層にきちんと報告をしていくプロセスまでが含まれます。

つまり、内部監査を単にやればよいということではなく、計画、報告までが必要であると理解してください。

9.2.2 b）に客観性、公平性という言葉があります。これは、独立性ともいえます。監査の独立性とは、監査の対象となる活動に関する責任を負っていないことにより、客観性・公平性が担保されるということです。つまり客観的に、公平に、独立的に行うためには、部門の責任者が自らの部門を監査するべきではなくて、例えば隣の部門を監査するというような形で実施していかなければならないということです。

監査予定メンバーが欠席したため、内部監査員資格のある被監査部門の責任者が代わりに監査を実施した。

POINT 内部監査の監査員として求められる条件は何だろうか。

A 解説

監査プロセスの客観性及び公平性を確保することができる監査員を選定する。

被監査部門の責任者は、自分で自分のマネジメントを監査することになるので、客観性が保てなくなる。監査するのであれば、日常の業務で改善するべきである。「客観性及び公平性」とは、是正の指摘を行っても直接利害関係のない責任者がふさわしい。また、責任者と同等でないと組織間の公平な判断ができない場合がある。（解答×）

26 パフォーマンス評価（マネジメントレビュー（9.3））

業務プロセスのマネジメントレビューは、他の会議体で報告されるべきもので、ここで要求するマネジメントレビューでは、EMSが有効に活用されているかを報告すべきです。

「9.3　マネジメントレビュー」に関する要求事項は、長く羅列されてはいますがわかりやすい構成になっています。マネジメントレビューという要求事項は、一つのプロセスです。プロセスは、インプットをアウトプットに変換する作業だと定義されていました。トップマネジメントに対してインプットを行い、アウトプットとして吐き出すプロセスこそが、マネジメントレビューです。

「JIS Q 14001:2015　9.3　マネジメントレビュー」概略

あらかじめ定められた間隔で

トップマネジメントは 環境マネジメントシステム を **レビュー** （結果の証拠として）**文書化した情報を保持**

（考慮すべき事項）
a）前回までのマネジメントレビューの結果とった処置の状況
b）マネジメントレビューに関する事項の変化
- 外部及び内部の課題（環境マネジメントシステムに関する）
- 利害関係者のニーズ及び期待（順守義務を含む）
- 著しい環境側面
- リスク及び機会

c）環境目標が達成された程度
d）環境パフォーマンスに関する情報
- 不適合及び是正処置
- 監視及び測定の結果
- 順守義務を満たすこと
- 監査結果

e）資源の妥当性
f）苦情を含む、利害関係者からの関連するコミュニケーション
g）継続的改善の機会

（アウトプットに含まなければならない事項）
環境マネジメントシステムが、引き続き、適切、妥当かつ有効であることに関する結論
継続的改善の機会に関する決定
資源を含む、環境マネジメントシステムの変更の必要性に関する決定
環境目標が達成されていない場合の処置（必要な場合）
他の事業プロセスへの環境マネジメントシステムの統合を改善するための機会（必要な場合）
組織の戦略的な方向性に関する示唆

インプットとして、a）からg）まで挙げられています。規格では「考慮すべき事項」と表現されていますが、トップマネジメントに対するマネジメントレビュー時のイン

プット情報であると捉えましょう。

そして、マネジメントレビューのアウトプットに含むべきものが、続けて羅列されています。インプットに含まれるべきもの、アウトプットに含まれるべきものが羅列してあると捉えれば、理解しやすいでしょう。

■マネジメントレビューに盛り込まれる要素

適切（性）	suitability	環境マネジメントシステムが、組織並びに組織の運用、文化及び事業システムにどのように合っているか
妥当（性）	adequacy	この規格の要求事項を満たし、十分なレベルで実施されているかどうか
有効（性）	effectiveness	望ましい結果を達成しているかどうか

JIS Q 14001:2015　附属書 A.9.3

マネジメントレビューは、高いレベルのものであることが望ましく、詳細な情報の徹底的なレビューである必要はない。マネジメントレビューの項目は、全てに同時に取り組む必要はない。レビューは、一定の期間にわたって行ってもよく、また、役員会、運営会議のような、定期的に開催される管理層の活動の一部に位置付けることもできる。したがって、レビューだけを個別の活動として分ける必要はない。

Q

マネジメントレビューにおけるトップマネジメントへのインプットの内容に「是正処置の状況」に関するものが含まれておらず、考慮されていない。

POINT　インプット項目として含めるべきものは何か。

A　解説

「是正処置の状況」はインプットに含まれているべき。

インプット項目といえる「d）環境パフォーマンスに関する情報」の中には、不適合及び是正処置が含まれている。是正処置は、組織が自ら改善を行った結果である点で、継続的改善の結果でもあり、重要性が高い。もちろん、マネジメントレビューの対象期間に実施した是正処置のすべてを報告することまでは必要なく、件数による報告や重大なもののみを取り上げて報告することも想定される。（解答×）

27 改善（一般（10.1）／不適合及び是正処置（10.2）／継続的改善（10.3））

いずれも被監査組織によって実行され、被監査組織が納得して改善していないと有効とはいえません。適切な改善が被監査組織で実施されるように、指摘事項の明確化と原因特定が必要です。

「10 改善」は、「10.1　一般」「10.2　不適合及び是正処置」「10.3　継続的改善」から構成されますが、重要なのは 10.2 です。

10.1 は改善のための機会を決定するための必要な取組みを実施することを要求していますが、他の要求事項を満たすことで対応できると考えます。要求事項の記載を見れば、「9.1　パフォーマンス評価」を行うこと、監視、測定を行うこと、順守評価を行うこと、内部監査を行うこと、マネジメントレビューを行うことが改善の機会になっているとしています。監視、測定を行って、よくない数字があれば手を打つ、順守評価で守られていないことがわかれば手を打つ、内部監査で不適合の是正処置を行うというように、「9」の要求事項はすべて改善の機会になっているのです。他の要求事項を満たすことで完全に満たされるものであり、10.3 も同じです。

重要な「10.2　不適合及び是正処置」について、規格要求をよく見てみると、非常によいことが書いてあります。不適合に対処する、不適合を管理して修正をする、有害な環境影響の緩和を含め結果に対処するというように、再発防止のために必要なプロセスが示されています。ここでいう不適合は、法令違反や、規格の要求事項に対して不適合だということだけではなく、パフォーマンスがうまく進まない、目標の数値が達成できていないなど、広い意味で捉えることが必要です。もし、指摘事項があったら修正をして、それが再発しないように、あるいは他のところで発生しないように原因を明確にして類似の不適合の有無も確認をすることが必要です。

「JIS Q 14001:2015　10.1　一般」概略

組織は
（環境マネジメントシステムの意図した成果を達成するために）
改善のための機会（9.1、9.2 及び 9.3）を **決定**
必要な取り組み を **実施**

「JIS Q 14001:2015　10.2　不適合及び是正処置」概略

組織は　不適合及び是正に関する処置　を　**実行**　**文書化した情報を保持**

（実行すべき事項）
a）その不適合に対処し、次の事項を行う
（該当する場合には、必ず）
- 不適合を管理し、修正するための処置をとる
- 不適合によって起こった結果に対処する
（有害な環境影響の緩和を含め）

b）その不適合の原因を除去するための処置をとる必要性を評価する、次の事項を行う
（再発又は他のところで発生しないようにするため）
- 不適合をレビューする
- 不適合の原因を明確にする
- 類似の不適合の有無、又はそれが発生する可能性を明確にする

c）必要な処置を実行する
d）とった是正処置の有効性をレビューする
e）環境マネジメントシステムの変更を行う
（必要な場合には）

「JIS Q 14001:2015　10.3　継続的改善」概略

組織は　（環境パフォーマンスを向上させるために）
環境マネジメントシステムの適切性、妥当性及び有効性　を　**改善**
継続的に

例えば、タンクから油が漏れてしまった（指摘事項）とします。それも不適合と捉えるのであれば、油の流出が広がらないような処置を講じるわけですよね。「収まったからいいか」ではなくて、再発防止策をとらなくてはなりません。「根本的な原因は何だったんだ」というように、原因追及をしないとダメですよね。それら全体の対応が、是正処置だといえます。

2004年版	用語及び定義	3.3　是正処置（corrective action）	3.17　予防処置（preventive action）
		検出された不適合（3.15）の原因を除去するための処置。	起こり得る不適合（3.15）の原因を除去するための処置。
	例（タンクのパッキンの腐敗が原因で油が流出した場合）	パッキンを取り換え、腐敗の原因となる薬液を変更	保管方法の見直し、定期点検を実施
2015年版	用語及び定義	3.4.4　是正処置（corrective action）	―　予防処置（―）
		不適合（3.4.3）の原因を除去し、再発を防止するための処置。 注記　不適合には、複数の原因がある場合がある。	※用語としては存在していないが、6.1.1「リスク及び機会」にてより広い概念として登場した。

2004年版の旧規格では「是正処置及び予防処置」となっていましたが、「予防処置」という言葉はなくなりました。予防処置というのは、悪いことが起きていない段階から計画をするものになりますが、「リスク及び機会」を決定することでEMSそのものが予防処置的な取組みにあたります。顕在化した不適合に対する予防処置というのは違和感がありました。不適合に対しては是正処置だけ、予防処置の概念については事前の計画の段階で考えていると捉えれば理解しやすいでしょう。

不適合とは「基準を満たしておらず、是正が必要であること」といえますが、時々顕在化したトラブルへの対応そのものを是正報告とする文書を見かける場面があります。それでは不十分です。是正報告書とは、発見された事象が、どのような仕組み（マネジメントシステム）が悪くて発生したかの原因究明が必要であり、即時的な対応だけでは暫定対応にすぎず不十分です。

是正処置とは仕組みの不備を明確にして、なぜ仕組みの不備が発生したかの原因究明を行い、類似システムの不具合が起こらないように、システムを変えることを指します。もちろんこのとき、再発防止や事象の対応である暫定対応ももちろん文書化して保持し、類似の事象の発生確認、発見事象の再発、事象回避を確認するマネジメントシステムでなければなりません。

3カ月間の目標数値の未達を不適合としているが、発生した未達に対し原因を特定しないまま目標設定の変更を行った。

POINT 不適合に対する是正処置の方法として、これは適切か。

A 解説

原因を特定しないままの対症療法では是正処置とはいえない。

是正処置とは、基準に対して未達部分を明確にし、なぜ基準に対して未達であったか、未達の原因を明確にする。未達の原因が明確になれば、原因を排除するための施策を計画する。このとき、施策の実施者、管理者、実施結果の確認者を決める必要がある。施策実施者は業務の中で原因排除の計画を実施し、管理者は原因排除が実施され、再発防止や類似事象が防止できているかまで指導する責任がある。実施結果の確認者とは、「不適合」と判断した者により、同様の指摘が今後発生しないように指摘の効果確認を行う。（解答×）

UNIT 3

内部監査の目的と役割

自社の環境目的に合わせて、ISO14001の規格要求事項により、環境マニュアルを作成し、自社の仕組みを構築し、組織内の人々に認識させます。
環境マニュアルの要求事項が、組織に対して有効な効果を達成しているかを確認するのが、「内部監査」であり、目的の達成状況をトップに報告し、成果から課題を抽出し是正します。「内部監査」の実施基準がISO19011という指針です。
どのような目的で内部監査を行うかを、組織が決めます。その内部監査の手引きを提供するのが、ISO19011という規格となります。

1 監査の分類／監査の原則／監査員に求められる資質

内部監査は第一者監査とも呼ばれます。第三者監査（外部審査）のような要求事項はありませんが、参考になる指針が ISO19011 で規定されています。

監査には、第一者監査、第二者監査、第三者監査の 3 種類に分類されます。

第三者監査は、認証のために認証機関が行う監査です。外部審査ともよばれます。

第二者監査は、製品を購入またはサービスの提供を受けるにあたって、契約の一方側が他方の組織を監査することを指します。広義には、何らかの関係がある別の組織が監査をすることを含むので、例えば、グループ内の中核組織が、傘下の各組織を監査することも、第二者監査に含まれるといえます。

■ 3 種類の監査

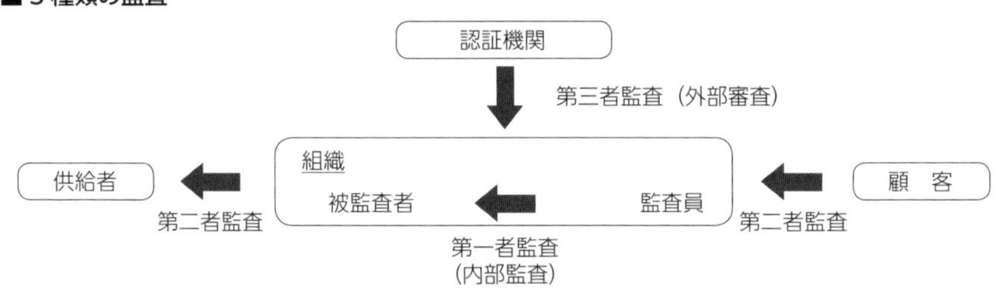

内部監査は、第一者監査とも呼ばれます。監査員と被監査者が、それぞれ組織内にいる場合が一般的です。コンサルタントなどの代理人に依頼する場合も考えられます。

第三者監査（外部審査）は、認証のために行うものです。そのため、認証機関によってその手法や工数が大きく違うということはあってはなりません。ここにも規格要求事項が存在します。ISO17021 です。運用する組織が目にすることは基本的にありませんが、いくつかの認証機関は、すべて外部審査の要求事項に基づいて、審査を行い、認証しています。

内部監査においては、すべての監査に共通する ISO 規格の ISO19011 が参考になります。ただし、これは要求事項ではなく、参考にとどまる指針です。

■ ISO 19011:2018 と ISO/IEC 17021:2015 の関係

内部監査	外部監査	
	サプライヤー監査	第三者監査
しばしば、第一者監査と呼ばれる。	しばしば、第二者監査と呼ばれる。	認証目的など
		ISO/IEC17021:2015（要求事項）
ISO 19011:2018（指針）		

内部監査に限らず、監査において重要な考え方が、a）～g）に示されています。言いがかりをつけるのではなく、証拠に基づくアプローチが必要ですよね。公正に、客観的で正確な視点といった、どれも重要な考え方です。

これは、あくまでも指針ですが、客観性及び公平性を確保する監査計画は、すなわち、e）の独立性の趣旨ですが、9.2.2 の要求事項にもなっています。

■監査には 7 つの原則がある（ISO19011 「4　監査の原則」）

a）高潔さ：専門家であることの基礎
b）公正な報告：ありのままに、かつ正確に報告する義務
c）専門家としての正当な注意：監査の際の広範な注意及び判断
d）機密保持：情報のセキュリティ
e）独立性：監査の公平性及び監査結論の客観性の基礎
f）証拠に基づくアプローチ：信頼性及び再現性のある結論
g）リスクに基づくアプローチ：リスク及び機会を考慮する監査アプローチ

よい内部監査にするためには、監査員の力量が影響します。

読者の皆様は、「不屈の精神」は持っていますか。あるいは、「文化に対して敏感」ですか。私も、そんな完璧な人間ではありません。

つまり、監査をする場面は、「演じてでもそんな心意気で行きましょう」と考えます。それだけ監査は意義があり、監査員は責任がある者だ、と気を引き締めたいものです。

■監査員として望ましい行動（ISO19011 「7.2.2　個人の行動」）

・論理的である
・心が広い
・外交的である
・観察力がある
・知覚が鋭い
・適応性がある
・粘り強い
・決断力がある
・自立的である
・不屈の精神を持って行動する
・改善に対して前向きである
・文化に対して敏感である
・協働的である

2 内部監査の目的と内部監査員の役割

内部監査の目的は、EMS の目的の達成にあります。内部監査を行うことは、EMS に必須のプロセスとして ISO14001 の要求事項になっています。

内部監査を行う目的はなんでしょうか。

・不適合を見つけること

・外部審査で不適合とならないように、事前に自らチェックすること

これも、目的の中に含まれるとはいえますが、結局のところ、EMS の目的を達成するために行っているのだといえます。つまり、環境パフォーマンスの向上・順守義務を満たすこと・環境目標の達成の 3 つのために行っているのです。

PDCA サイクルを回して、3 つの目的を組織として達成していくためには、内部監査をすることは必須です。9.2 にある規格の要求事項ですから、もしやっていなかったら、ISO14001 に不適合になります。

内部監査の目的について、ISO19011 の表現を確認すると、例示はされているものの、明確ではありません。組織が決めるものとして、設定されていないのです。

つまり、どのタイミングで、どの組織を、誰が内部監査するのかを決めることは、PDCA サイクルを効果的に促進するために重要なことですし、いい内部監査のためにも大事なのかもしれません。工夫のしどころだと思います。

■内部監査の目的は、事業と整合した以下の事項から決定する

a) 外部及び内部双方のニーズ及び期待
b) プロセス、製品等に関わる要求事項やそれらに対する変化
c) マネジメントシステムの要求事項
d) 外部提供者を評価することの必要性
e) 被監査者のマネジメントシステム完成度とパフォーマンス指標（例：KPI）等
f) 被監査者に対して特定された、リスク及び機会
g) 前回までの内部監査の結果

監査の定義について、ISO14001でも定義されていますが、ISO9000品質マネジメントシステムにもより詳しく明示されていますので、重複する部分もありますが、あわせて確認しておきましょう。

複数のマネジメントシステムを同時に監査することを「複合監査」、複数の監査する組織が一つの被監査者を監査することを「合同監査」と、ISO9000では定義しています。また、組織が複数のマネジメントシステムを統合し、構築したマネジメントシステムで監査することを「統合監査」と定義しています。

<table>
<tr><td rowspan="2">JIS Q 14001:2015</td><td rowspan="2">用語及び定義</td><td>3.4.1 監査（audit）</td></tr>
<tr><td>監査基準が満たされている程度を判定するために、監査証拠を収集し、それを客観的に評価するための、体系的で、独立し、文書化したプロセス（3.3.5）。
注記1　内部監査は、その組織（3.1.4）自体が行うか、又は組織の代理で外部関係者が行う。
注記2　監査は、複合監査（複数の分野の組合せ）でもあり得る。
注記3　独立性は、監査の対象となる活動に関する責任を負っていないことで、又は偏り及び利害抵触がないことで、実証することができる。
注記4　JIS Q 19011:2012の3.3及び3.2にそれぞれ定義されているように、“監査証拠”は、監査基準に関連し、かつ、検証できる、記録、事実の記述又はその他の情報から成り、“監査基準”は、監査証拠と比較する基準として用いる一連の方針、手順又は要求事項（3.2.8）である。</td></tr>
<tr><td rowspan="2">JIS Q 9000:2015</td><td rowspan="2">用語及び定義</td><td>3.13.1　監査（audit）</td></tr>
<tr><td>監査基準（3.13.7）が満たされている程度を判定するために、客観的証拠（3.8.3）を収集し、それを客観的に評価するための、体系的で、独立し、文書化したプロセス（3.4.1）。
注記1　監査の基本的要素には、監査される対象（3.6.1）に関して責任を負っていない要員が実行する手順（3.4.5）に従った、対象の適合（3.6.11）の確定（3.11.1）が含まれる。
注記2　監査は、内部監査（第一者）又は外部監査（第二者・第三者）のいずれでもあり得る。また、複合監査（3.13.2）又は合同監査（3.13.3）のいずれでもあり得る。
注記3　内部監査は、第一者監査と呼ばれることもあり、マネジメント（3.3.3）レビュー（3.11.2）及びその他の内部目的のために、その組織（3.2.1）自体又は代理人によって行われ、その組織の適合を宣言するための基礎となり得る。独立性は、監査されている活動に関する責任を負っていないことで実証することができる。
注記4　外部監査には、一般的に第二者監査及び第三者監査と呼ばれるものが含まれる。第二者監査は、顧客（3.2.4）など、その組織に利害をもつ者又はその代理人によって行われる。第三者監査は、適合を認証・登録する機関又は政府機関のような、外部の独立した監査組織によって行われる。</td></tr>
</table>

3 内部監査とは

監査とは、必ず監査基準があり、それに基づいて監査証拠を集めていくプロセスです。集めた証拠を、監査基準と照らし合わせて、ズレがあれば指摘を、なければ適合だと結果を報告するのです。

ISO14001 の内部監査に限らず、特に企業であれば、数々の監査があるでしょう。大きな組織になれば、「監査部」という部署もあると思います。いかなる監査においても、監査基準はあります。

そして、監査とは、監査証拠を集めるプロセスです。監査証拠を集める方法が、インタビューをすることであったり、文書や記録を見ることだったりします。

■内部監査とは

内部監査とは、内部で行う監査のことです。

内部とは
組織が、自分の組織に対して行う。

監査とは
監査基準が満たされている程度を判定するために、監査証拠を収集し、それを客観的に評価するための体系的で、独立し、文書化されたプロセス

監査基準
監査証拠と比較する基準として用いる一連の方針、手順または要求事項

監査証拠
監査基準に関連し、かつ、検証できる記録・事実の記述またはその他の情報

照合して

監査所見
収集された監査証拠を、監査基準に対して評価した結果

※定義は ISO9000　3　用語及び定義　から抜粋

監査証拠を集めていく中で、監査基準とのズレがあれば、不適合になり得ます。不適合であれば、改善をしていくべきだと指摘することになります。ここから、監査とは不適合を見つける作業だと思われがちですが、不適合がないことを確認した結果も、当然ながら監査所見であり、意義のある監査の結果です。

監査とは、監査基準と監査証拠を照合して、適合か不適合かを判断するプロセスです。

不適合については、言い方は組織によって異なりますが、重大なものと軽微なものを分けている場合があります。これは、改善のタイミング（重大なものは即対応）や、是正処置のプロセスの要求レベル（是正処置の対応記録のレベル分け）や、是正の確認のタイミングなどに、差を生み出すことが想定されるためです。

■監査のプロセス

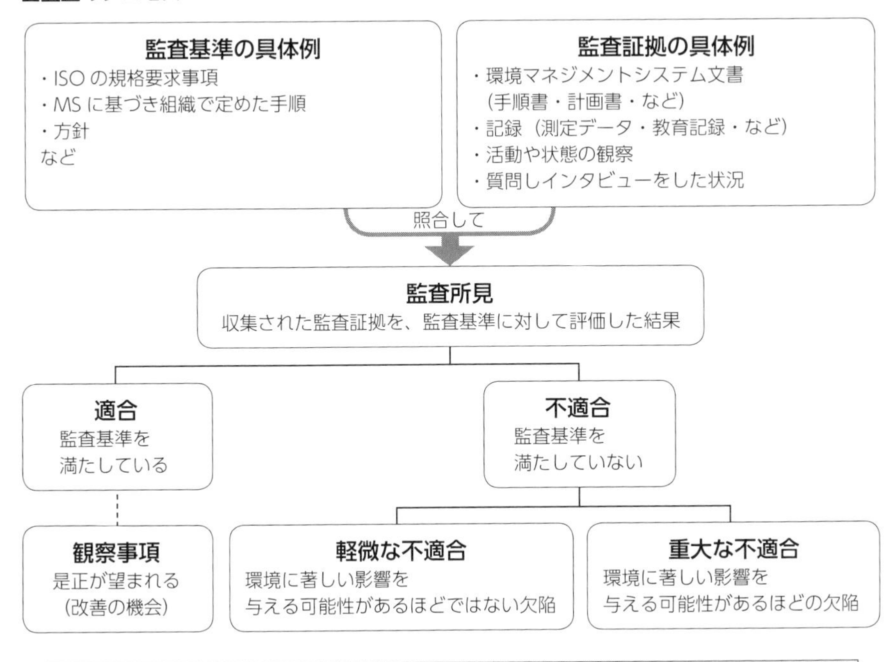

3.4.3　不適合（nonconformity）

要求事項（3.2.8）を満たしていないこと。
注記　不適合は、この規格に規定する要求事項、及び組織（3.1.4）が自ら定める追加的な環境マネジメントシステム（3.1.2）要求事項に関連している。

ただ、誤解を恐れずに言えば、ISO14001の内部監査において、規格要求事項に対する不適合はそうそうないのではないでしょうか。特に、長年外部審査を受け、メンバーも規格の理解が進んでいるような組織では、不適合はなかなか発見されません。もちろん、不適合があれば、しっかり見つけて指摘することは、重要な内部監査員の役割なのですが、粗探しをすることは趣旨に反します。そんな時は規格要求事項の視点を活用しながら、よりよいマネジメントシステムを提案していくような観察事項を出しましょう。

4 内部監査の流れ

内部監査の範囲を決め、適用範囲の中から、被監査組織を決定し、監査計画を作成します。内部監査を実施し、結果をトップマネジメントへ報告し、今後の継続的改善のための指示を受けるのです。

監査を実施するだけが内部監査ではありません。監査をする前に監査計画を立てること、そして、監査後には監査の報告を行うことまでが、内部監査の流れになります。

事前準備にあたる監査計画と、内部監査実施時の記録例については、次項以降で紹介します。

■内部監査の流れ

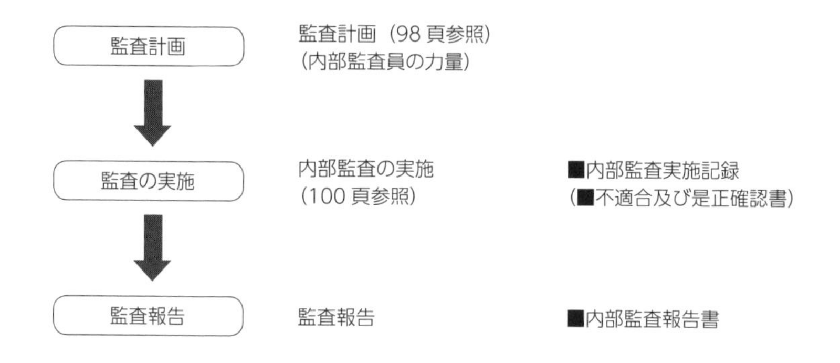

ここでは、内部監査報告書の作成例について紹介します。

内部監査を、どの単位で行うかは計画の中で組織ごとに定めるものであり、狙いをもって進めればよいといえます。どのような単位で実施したとしても、最終的に内部監査の結果は、トップマネジメントへ報告します。その際、いくつもの部門が存在する組織であれば、部門ごとに行うような数多くの内部監査の報告書を、すべて閲覧してもらうことが現実的ではない組織もあるでしょう。主要な報告事項を整理して、トップマネジメントに報告することが考えられます。そのような状況を想定した内部監査報告書の例を示します。

■内部監査報告書の例

ISO14001 内部監査報告書

報告先：トップマネジメント　／　報告者：環境管理責任者　／報告日

内部監査全体の結論	重点監査項目について	
	環境パフォーマンスについて	
	順守義務について	

全体の結論を整理して報告する

監査全体を通してのグッドポイント（主なもの）	被監査組織名	グッドポイント

内部監査全体の指摘の総数を示す

監査における指摘内容（主なもの）						
	重大な不適合	件	軽微な不適合	件	観察事項	件
	条項番号		指摘の区分		被監査組織名	
	指摘内容					
	想定リスク					
	対策の効果					
	条項番号		指摘の区分		被監査組織名	
	指摘内容					
	想定リスク					
	対策の効果					

指摘のすべてではなく、トップマネジメントに報告すべきと選定した主なものを挙げる

環境管理責任者、または内部監査の計画立案を行う責任者から、トップマネジメントに対して報告する書式を想定しています。

書式においては、内部監査の全体総括となる結論を先に報告します。そこだけ確認してもらうだけでも、内部監査の全体像が把握できます。そして、各内部監査で明らかになった、グッドポイントと指摘について、特筆して報告が必要であると判断したもののみ、ピックアップして記載します。

もちろん、環境影響が大きい、状況の変化があった、過去に不適合などの問題があったところなど、気になる部門における個別の内部監査報告書の提示をトップマネジメントから求められた場合には、すぐに示せるようにします。

5 監査計画と内部監査員の力量

監査計画は、内部監査員の誰がどの部門を監査するかを決定することです。内部監査員に必要な力量を決めること、力量アップを図ることも、狙いを持って、組織の目的のために工夫できます。

この図は、ある組織の内部監査の計画の例です。いくつかの部門が、部門ごとに主体性を持って環境マネジメントを運用している一般的なものです。

■監査計画の例

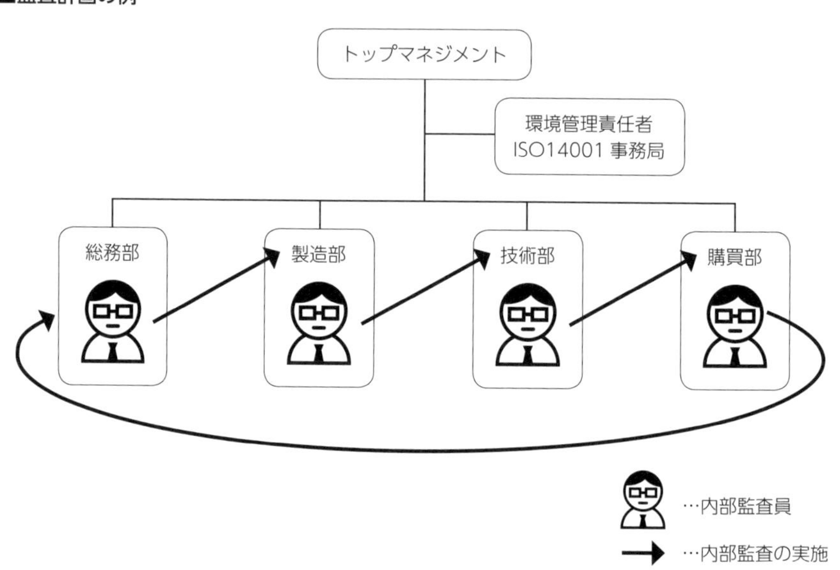

部門単位で、環境マネジメントを進めている場合、各部門に内部監査員資格を有する者を配置して、他の部門を監査することで、監査の客観性や独立性を維持することができます。また、各部門に内部監査員がいる体制は、ISO14001の仕組みを理解した人員を各部門に配置することにもなるメリットがあります。

実際には、各部門に内部監査員がいなくてもよく、例えば事務局の内部監査員がすべての部門の内部監査を実施してもよいのです。規格の要求事項からも、独立性を持って内部監査を行うことができれば、問題ありません。

監査計画をするということは、誰がどの部門を監査するか決定することです。実施の要否、頻度だけでなく、そもそも各部門の内部監査を実施する必要性があるかを判断することになります。必要に応じて、複数部門の合同監査のような形をとっても構いません。

監査計画を立てるときには、以下の要素から考えるとよいでしょう。

・被監査部門の環境影響の大きさ
→影響が大きい組織は、必ず毎回実施する、監査の時間を多くとるなど
・内部・外部の変化、重点監査項目
→組織の変更があった部門や、法改正があってその対応確認を行う必要がある場合、トップマネジメントからの指示があった場合など
・監査員の力量
→経験豊富な内部監査員を、環境影響の大きい組織に担当させる

内部監査員に必要な力量として、資格試験のような一律の基準があるわけではありませんが、内部監査が規格への適合性と有効性の視点で監査するという意味では、以下のような要素の力量を持つことが必要だと考えられます。

<内部監査員に必要な要素>

①規格要求事項の理解
②内部監査の役割と監査技法の習得
③組織の運用ルールの理解
④組織の事業プロセスの理解（外部環境の理解を含む）
⑤組織の関連する環境問題の動向や環境法令に関する理解

そして、本書では、上記の要素の中でも主となる、①規格要求事項の理解、②内部監査の役割と監査技法の習得についての力量を得る点を中心にして、作成しています。本書を熟読し、巻末の理解度確認テストを受けることを内部監査員の力量とすると、組織として決めてもＯＫです。

組織によっては、①②よりも、③④⑤を重要視した内部監査員養成を実施するという選択肢もあると考えます。ただし、本書で紹介する①②の知識についても、最低限必要なレベルがあります。重みづけについて、選択の余地はあるといえます。

<一般的な内部監査員の養成例>

・外部の内部監査員養成講座の受講（1 ～ 2 日間が一般的）
・社内での内部監査員養成講座の受講
・組織が力量として認めた資格（外部審査員資格など）

6 内部監査の実施

ここでおすすめしたい内部監査実施記録は、様々な角度から監査証拠を集めていくプロセスの記録メモにもなります。改善すべき点が見つかった際、改善しないリスクと、改善した場合の効果を、被監査者と共に考えましょう。

本書ではいくつかの様式を紹介していますが、ISO14001 では様式を定めているものはありません。様式は自由なので、この形にとらわれなくても構いません。参考にしてください。

下の書式例は、内部監査を行う際に、監査員がメモを取ることも想定した、内部監査の実施記録です。

■内部監査の実施記録例

ISO14001 内部監査実施記録（監査員メモ）

被監査部門　／　監査実施日　／監査実施者

監査全体を通してのグッドポイント	条項番号	グッドポイント

指摘事項の内容（指摘ごと）						
	条項番号		指摘の区分		被監査立会者	
	指摘内容					
	想定リスク					
	対策の効果					
	条項番号		指摘の区分		被監査立会者	
	指摘内容					
	想定リスク					
	対策の効果					
	条項番号		指摘の区分			
	指摘内容					
	想定リスク					

指摘事項ごとに被監査部門の担当者が異なる場合があるため、指摘事項ごとに被監査立会者を記入

指摘の区分は
・重大な不適合
・軽微な不適合
・観察事項

この書式におけるいくつかの工夫のポイントと、その目的を紹介します。

・グッドポイントの欄を設ける。

⇒監査とは、粗探しや批判の場ではありません。特に、客観性を持って他の部門から監査を実施する場合には、自部門に活かすべきよい点を持ち帰ることも、環境マネジメントを継続的に改善していく大きな目的であるといえます。監査をしながら、よい点を見つけていく視点も忘れないようにします。

・何件かの監査所見について、羅列できるようなメモの形で記録する。

⇒監査では、様々な視点でインタビューや文書確認などを続けていくことになります。不適合が疑われる、または、改善の可能性があると気が付いた点が、すぐに指摘事項とはなりません。疑われた内容について、様々な角度から確認をして、問題の本質がどこにあるのかを見つけていきます。

・指摘内容・想定リスク・対策の効果は、それぞれある指摘が疑われる事項に対する内部監査時の会話をメモするイメージで記載する。

⇒監査の中では、指摘内容よりも先に、想定リスクと対策の効果を埋めていくメモを取るのが自然かもしれません。環境マネジメントにおいて、よりよくした方がいいと気が付いた点があれば、なぜ改善するのか、その改善によって得られる効果は何なのかを考えていきます。考えながら被監査側とも考えをすり合わせて、確かに改善していった方がよい、と改めようとした現状が、指摘内容になります。

・指摘の区分については、当然ながら、不適合であれば被監査組織は何らかの改善を行う。観察事項であれば、内部監査後に被監査組織がその改善を行うかを判断する。

⇒不適合は、改善をすることを被監査組織も合意した要素だといえます。一方で観察事項は、監査する立場としての意見を残すものであり、必ずしも改善しなければならないものではありません。独立的な意見として、気づきを提供するものですから、気づきの機会は多いにこしたことはありません。観察事項として挙げる改善のポイントが、意義のあるものだというメッセージを伝えるために、想定リスクと対策の効果を伝えましょう。単に気づきを提示するだけではなく、その改善にどんな意味があると考えるか、思いを表現します。

・不適合と、被監査部門が改善を行う事項については、一件一葉で、次の是正確認書を作成することが想定される。

⇒内部監査の指摘から、改善する事項については、原因分析、改善の計画、改善の確認、他部門への展開を検討するなど、一つひとつの要素について、是正処置のプロセスを踏んでいきます。その内容を記録することで、確実に是正するだけではなく、組織全体の継続的改善につながるものだと考えます。

詳しい内部監査の実施については、さらに、「UNIT4　監査技法と監査の進め方」を参照してください。

以下は、一件一葉で作成する不適合及び是正確認書の書式例です。10.2 の要求事項に基づいた構成になっています。「不適合」という言葉に抵抗がある場合は、「改善事例計画確認書」のように、前向きな表現にしてもよいと思います。

ISO14001 不適合及び是正確認書

是正対象部門 ／ 不適合発見日 ／ 発見者							
内部監査員（不適合の発見者）が記入	指摘事項	条項番号		指摘の区分		被監査立会者	
		指摘内容	内部監査実施記録の指摘事項と同じ				
		想定リスク					
		対策の効果					
被監査者（指摘された側の組織）が記入	原因究明	原因究明者		組織確認者			
		究明した原因	再発防止につながる、本質的な原因究明を行った結果を「究明した原因」とする				
	是正処置計画	是正処置計画者		実施責任者			
		是正処置の内容	原因を解決する処置の内容（計画段階）				
		処置の予定期限					
	実施報告	是正処置の内容（変更点）	実施した是正処置について				
	効果確認	効果確認の内容（有効性確認）	再発防止やパフォーマンス向上につながっているか				
		効果確認実施日		効果確認者			
		展開の必要性	他の部門などへ、共有する必要性を確認	組織外へ報告の必要性			

次の不適合及び是正確認書は、7.5.2 の軽微な不適合を指摘した例です。

<table>
<tr><th colspan="7">ISO14001 不適合及び是正確認書</th></tr>
<tr><td rowspan="4">指摘事項</td><td>条項番号</td><td>7.5.2</td><td>指摘の区分</td><td>軽微な不適合</td><td>被監査立会者</td><td>●● ●●</td></tr>
<tr><td>指摘内容</td><td colspan="5">排水処理に関して、内規の改定は1年前に確認できたが、現場へ落とし込む作業手順書の改訂は確認できなかった。現場への確実な教育を実施してください。</td></tr>
<tr><td>想定リスク</td><td colspan="5">現場への適切で有効な指示が行われないと、内規を変えても実務が伴わず、無駄な業務が発生する。</td></tr>
<tr><td>対策の効果</td><td colspan="5">担当者が変わったり、手順書を参照する場合に、確実に内規の改定が機能する。</td></tr>
<tr><td rowspan="2">原因究明</td><td>原因究明者</td><td colspan="3">○○ ○○</td><td>組織確認者</td><td>●● ●●</td></tr>
<tr><td>究明した原因</td><td colspan="5">1年前に内規を改定し、社内情報発信を行ったが、その情報に作業手順書改訂の担当者が明確ではなかった。
また、部門長が対応管理者を指名しなかったため、作業の担当者は作業の変更を行ったが、作業手順書を変更する認識がなく、手順書の改訂が行われずに1年間経過していた。</td></tr>
<tr><td rowspan="3">是正処置計画</td><td>是正処置計画者</td><td colspan="3">○○ ○○</td><td>実施責任者</td><td>●● ●●</td></tr>
<tr><td>是正処置の内容</td><td colspan="5">・内規改定の情報発信時には、作業手順書の改訂を管理する担当者を指示する。
・部門長は、内規改定や部門長宛の書面や情報を入手した場合は、部内の責任者を任命し、情報発信者へ回答を行う。</td></tr>
<tr><td>処置の予定期限</td><td colspan="5">2020/9/30</td></tr>
<tr><td>実施報告</td><td>是正処置の内容
（変更点）</td><td colspan="5">・部門長は内規改定時に、部内の責任者を1週間以内に任命する。また、任命された責任者は、内規改定情報発信者へ責任者であることと、内規改定対応のスケジュールをあわせて回答する社内の仕組みとした。
・内規改定時には、内規の発行番号と共に作業手順書の発行日と番号も管理する仕組みとした。</td></tr>
<tr><td rowspan="3">効果確認</td><td>効果確認の内容
（有効性確認）</td><td colspan="5">・指摘のあった内規改定に伴う作業手順書の発行日と発行番号を、内規発行番号と一緒に管理されていることを確認した。</td></tr>
<tr><td>効果確認実施日</td><td colspan="3">2020/12/25</td><td>効果確認者</td><td>□□ □□</td></tr>
<tr><td>展開の必要性</td><td colspan="3">社内の内規発行時の仕組みを改善したが、是正処置や法改正に関する情報発信時も、対応日と仕組みを情報発信者へ報告する。（マネジメントレビュー報告）</td><td>組織外へ報告の必要性</td><td>事業所内関連会社へ情報発信</td></tr>
</table>

内部コミュニケーションの不具合には、抜けと重複の問題がありますが、抜けがあると上記事例のように組織内の必要なプロセスが行われない場合や、プロセスのアウトプットにつながらない場合があります。重複の場合は、二重の業務や矛盾した指示が発生します。組織の種々の階層及び機能間で抜けと重複がないように実施します。

まれに、作業は改善されて実施しており、手順書のみが改訂されていない場合が発生します。この場合、作業手順書の存在が不要の場合もあるかもしれませんが、多くは必要性があって存在しているのが通常であり、仕組みとして手順書の改訂が行われるように組織が対応すべきです。もし、検討後、手順書が不要と判明した場合は、手順書を廃止した記録を残すべきでしょう。

また、次の例は、6.1.4 の観察事項（改善の機会）を指摘したものです。

<table>
<tr><th colspan="7">ISO14001 不適合及び是正確認書</th></tr>
<tr><td rowspan="4">指摘事項</td><td>条項番号</td><td>6.1.4</td><td>指摘の区分</td><td>観察事項
（改善の機会）</td><td>被監査立会者</td><td>●● ●●</td></tr>
<tr><td>指摘内容</td><td colspan="5">活動組織の「取り組む必要があるリスク及び機会」から環境目標として「①流出事故に対する監視装置を設置、②洗浄用代替溶剤の検討及び作業頻度低減」を取り上げて活動していた。ただし、審査の中で「新人教育」、「手作業の自動化」の課題が挙げられていた。これらの課題も「リスク及び機会」に取り上げて活動する必要がある。</td></tr>
<tr><td>想定リスク</td><td colspan="5">環境設備に課題が集中して検討されており、業務プロセスの要因の課題が抽出されていない。業務の効率化の課題があるのに計画して取り組まないと、環境マネジメントシステムの効果が上がらない。</td></tr>
<tr><td>対策の効果</td><td colspan="5">取組みを計画するとき、技術・財務・事業などの要求事項を考慮して最適な課題に取り組む。</td></tr>
<tr><td rowspan="2">原因究明</td><td>原因究明者</td><td colspan="3">○○ ○○</td><td>組織確認者</td><td>●● ●●</td></tr>
<tr><td>究明した原因</td><td colspan="5">・取組みの計画策定時に、技術や財務上の課題にのみ注目し、業務を行う人々に関する課題を計画化していない。
・差し迫った課題は計画しやすいが、著しい環境側面から抽出した課題計画策定が、行われていない。</td></tr>
<tr><td rowspan="3">是正処置計画</td><td>是正処置計画者</td><td colspan="3">○○ ○○</td><td>実施責任者</td><td>●● ●●</td></tr>
<tr><td>是正処置の内容</td><td colspan="5">「取組みの計画策定」の教育内容を作成し、社内教育を実施する。</td></tr>
<tr><td>処置の予定期限</td><td colspan="5">2020/10/30</td></tr>
<tr><td>実施報告</td><td>是正処置の内容
（変更点）</td><td colspan="5">取組みの計画策定の様式例を作成し、各組織へ計画により教育を実施した。計画した人員が必要とする力量基準を満たしている根拠を確認した。</td></tr>
<tr><td rowspan="3">効果確認</td><td>効果確認の内容
（有効性確認）</td><td colspan="5">監査時に挙がった、「新人教育」、「手作業の自動化」の課題が計画策定され、進捗管理されている。</td></tr>
<tr><td>効果確認実施日</td><td colspan="3">2021/10/29</td><td>効果確認者</td><td>□□ □□</td></tr>
<tr><td>展開の必要性</td><td colspan="3">著しい環境側面からの課題計画策定を全社展開</td><td>組織外へ報告の必要性</td><td>不要</td></tr>
</table>

指摘内容から、なぜこの仕組みが不十分かを分析した結果、課題を決定する仕組みが担当者に理解されていないことが原因と判断しています。担当者が理解できるように教育の計画を作成し、実施報告では必要な教育の実施と、力量基準を確認し、効果確認では指摘された「新人教育」、「手作業の自動化」の課題が計画策定され進捗管理されていることを効果確認としています。

指摘事項の原因が異なると、是正内容が異なってきます。そこで、是正処置を行えば、今後同様の指摘が発生しないと想定されることまで確認します。確認することで、指摘が業務改善に効果があると判断できます。

UNIT 4

監査技法と監査の進め方

内部監査員研修の目的は、内部監査ができるようになることです。その意味で、監査が実際にできるようになるためには、規格要求事項の理解をするだけでは不十分です。事前に監査シナリオを作成し、当日にインタビューのコミュニケーションをスムーズに進め、様々な切り口から、継続的改善につながる機会を作り出していく力量が必要です。

監査を実際に経験したり、先輩の監査の進め方や、外部審査員の手法を経験したりしながら身につけて成長していく力量でもありますが、このUNITでは監査を進めるための技法と手法を確認していきましょう。

規格の要求事項の条項番号に沿って進める方法もありますが、実際のマネジメントは条項番号のとおりにプロセスが構成されていないでしょう。規格要求事項からのアプローチから進めたり、事業プロセスに注目したり、ＰＤＣＡサイクルに注目して進めたりと、様々な監査の進め方があります。理想は、ある一つの監査の進め方に固執することなく、いろいろな進め方を使い分けながら行うことです。

1 監査員が行う事前準備

監査計画が決まれば、各監査員は担当する組織を事前に調べて対面監査の準備を行います。対面監査を効率よく実施するための、監査準備の一例をここでは解説します。

監査員が行う事前準備とは、担当する監査対象が決定してから、監査の当日を迎えるまでの準備を指します。ISO14001の理解や組織のルールなどで、忘れているようなことがあれば、改めて確認をしましょう。

その上で、監査までの準備で重要なのは、被監査部門の組織の状況（変化）の理解と、過去の指摘事項の確認の2点です。

■事前準備のポイント

ポイント	事前準備
①組織の状況（変化）の理解	・被監査部門における、直近の変化 （設備等の更新・導入／商品・サービスの変化／経営方針など事業内容の変化） ・被監査部門に影響のある、外部状況の変化 （環境法令の改正／業界の市場動向／環境への取組みのトレンド）
②過去の指摘事項の確認	・前回の内部監査報告書 ・直近の外部審査報告書 ・是正報告書

→ 監査シナリオ

事前準備を行いながら、監査シナリオを考えましょう。

・まずはこの話をしよう

・全体の流れは、この順に進めよう

・監査の中で発言が停滞する場面があれば、この話をしよう

・時間が余ったら、さらにこの視点で聞いてみよう

といった、監査時間内の話題の展開をイメージするのです。

特に、目立った指摘もなく、スムーズに監査が進んでいったときこそ、監査シナリオが必要です。

■シナリオの例

区分	監査シナリオ		
	関連条項	監査する項目	想定する展開（想定される回答や議論したい内容）
アイスブレーク	—	雑談から、法改正や新規の法規制を入手	—
状況の確認	9.1.2	順守評価に関する文書（改訂した順守評価表を見せてください）	・改訂により、組織の仕組みを変更し対応した。 ・改訂は組織に影響がないと判断した。 ・組織のリスクが重大であり、著しい環境側面として取り上げ、課題として対応計画を策定した。
順守義務	6.1.3	組織が特定した順守義務（法改正内容にどのように対応したのですか？）	・法改正情報を入手する仕組みは別の部署が実施／対応。 ・法令対応の担当者が法改正情報を入手し、順守義務が明確になった。
パフォーマンス	9.1.1	測定結果と分析と基準値の妥当性（法令の対応担当者はどのような作業をしますか？）	・法令の変更基準と、これまでの組織の測定結果の差異を明確にして、これまでの測定方法で法改正の対応が可能と判断した。 ・法改正に準拠するためには、設備改造が必要であり、スケジュール的にリスクが発生した。
環境側面	6.1.2	環境側面の決定と組織に与える環境影響の決定（組織に与える影響は何ですか？）	・法改正の正しい理解と環境側面の決定により、本年度の対応内容と来年度の設備対応内容をトップマネジメントへ説明した。トップマネジメントから設備予算の申請を指示された。
組織の状況	4.2	組織の順守義務となるもの（改正により何を変えましたか？）	・本年度は法改正の必須事項のみ対応し、法改正の確実な履行のための設備対応は、次年度より対応するとした。
法令順守	9.3	順守義務を果たしていること（法対応できていることをだれが承認しましたか？）	・マネジメントレビューにて、本年度の対応と残留したリスクを報告。リスク対応は設備計画によることになった。
是正処置	9.2	前回の内部監査の是正対応（もっと早く対応できなかったわけは何ですか？）	・法改正の情報は前回の内部監査時に、指摘した内容であったが、リスク判断により設備対応を次年度へ持ち越した。
時間があれば	7.2 6.1.1 7.4.2 7.5.2	・順守評価のための力量 ・順守義務のリスクと機会 ・順守実施の担当者と管理者のコミュニケーション ・順守関連の文書管理	—

監査員は、事前に組織の仕組みを理解することが必要です。組織の状況や活動内容を対面監査で質問しては、貴重な時間がムダになります。監査員は関連する資料の何をどのようにして質問するか、どの順番で質問すると被監査組織が仕組みの不具合に気づきやすいか、十分事前準備を行います。この時に、被監査者の回答を想像して仮説を持つことが重要です。仮説は正しい場合も、ズレがある場合もあると思います。正しければ、スムーズに次のステップに進み、ズレがある場合には認識を改めて次のステップへと進みます。ズレの確認作業が、気づきのもとになるかもしれません。

対面監査では、なぜこのような質問を行っているか、被監査組織が理解する必要があります。質問の意図を理解できないと、規格の要求事項だから仕方なく対応することにより、根本的改善が検討されないまま、被監査組織が報告書の回答を行ってしまいます。内部監査員教育で必要な力量を得ること以上に、監査に向かう前に監査員が被監査者を想像して準備をする時間が重要です。

2 内部監査中のコミュニケーション

内部監査は組織の粗探しをするプロセスではありません。アイスブレークやオープンクエスチョンなど、よいコミュニケーションのための工夫を惜しまず、ポジティブな場を作り出しましょう。

■内部監査中のコミュニケーションを円滑にするポイント

①監査は有益という共通認識
②敬意を持った監査
③アイスブレークからスタート
④オープンクエスチョンを用いる

①監査は有益という共通認識

この共通認識は、意味のある監査の時間にするために必要です。監査に必要以上に構えてしまっている場合などは、直接的に「この監査を通して、いいことは認めて日頃のマネジメントに自信を持ち、悪いことは改善していきましょう」「環境の面から、私たちの活動が事業に貢献できるように、一緒に考える時間にしましょう」と、最初に意思統一を図ってからがよいと考えています。

②敬意を持った監査

仮に不適合や大きく改善が必要な点が見つかったとしても、被監査側も考えを持ってそうしていた、あるいは、対応できなかった理由があるはずです。自分自身が相手の立場だったら、その指摘が生まれないように実行できていたということはありません。その意味で、この時点からの未来を考えていく姿勢が必要です。

③アイスブレークからスタート

アイスブレークというと、ゲームを行うことなどが挙げられますが、監査の場面ではそこまでは不要でしょう。まずは、世間話からはじめて、場を和ませましょうということです。「あの商品、売れてますか？」のように事業に関わる話題でも、共通の知人がいれば、「●●さん、元気？」のような話題でもいいでしょう。趣味の話でも構わないと思います。

できれば、そこから続く監査がスムーズに進むようにするために、ポジティブな結論になる話題を考えましょう。

④オープンクエスチョンを用いる

監査は、質問の投げかけと回答で進んでいきます。よい監査は、監査者が長く発言しているのではなく、被監査者が多く発言するものだといわれます。そのためには、監査全体のインタビューの方法をクローズドクエスチョンではなく、オープンクエスチョンにすることが必要です。つまり、「はい」／「いいえ」で答えられる質問ではなく、被監査者に話をしてもらうような質問の投げかけです。

両者の違いを表にまとめました。

■クローズドクエスチョンとオープンクエスチョンの違い

クローズドクエスチョン		オープンクエスチョン
「●●は好きですか？」 ⇒「はい」／「いいえ」で答えられる	特徴	「どんなことが好きですか？」 「なぜ好きになったのですか？」 ⇒説明を求めるような質問
質問者が聞かれた側の回答を想定して（仮説を立て）確認していく	ポイント	５Ｗ１Ｈを中心に質問する （How：どのように、Why：なぜ、What：何、When：いつ、Where：どこで、Who：誰）
簡潔なやり取りで確認でき、聞かれた側は悩まずに答えられる	メリット	聞かれた側によく考えさせることで、多角的な情報が手に入る
質問者にある	会話の主導権	聞かれた側にある

監査者は、この話題の後でどんな展開にするか、監査における漏れはないかなど、思考を止めずに監査の時間全体をコントロールしていく必要があります。そのためには、自分が話し続けていては、考えるいとまもありません。もちろん、被監査者の発言内容を聞くことをおろそかにしてはいけませんが、聞きながら、「さらにこれを聞いてみよう」「この件は改善のポイントはなさそうだから次はあの件を聞いてみよう」というように考える、つまり“考えるための聞く時間”が必要です。

3 プロセスアプローチ監査

プロセスアプローチ監査とは、業務プロセスに着目して、その業務に関連する要素から監査する視点です。

監査において、不適合が疑われたり、改善の機会になりそうな点が明らかになると、さらに深掘りをしてインタビューを重ねることになります。その着目することになる点を一つのプロセスだと捉えてさらに状況を理解していくアプローチが、プロセスアプローチ監査だといえます。

一つのプロセスは、下記のようにタートル図であらわすことができます。

プロセスには、必ずインプットとアウトプットがあります。

インプットは、投入される材料などの形があるものだけではなく、プロセスを行うきっかけになる情報も含まれます。アウトプットはプロセスを行った後の結果といえます。

そのプロセスは、インプットをアウトプットに変換するのに必要な、四つの関連する要素があるはずです。

・機械（設備）：業務に使用する装置や道具
・人（力量）：業務を行う人々（何ができるか）
・方法（ルール）：業務のやり方（内容）
・監査（検査）：何をもって終わるか

■プロセスアプローチのタートル図

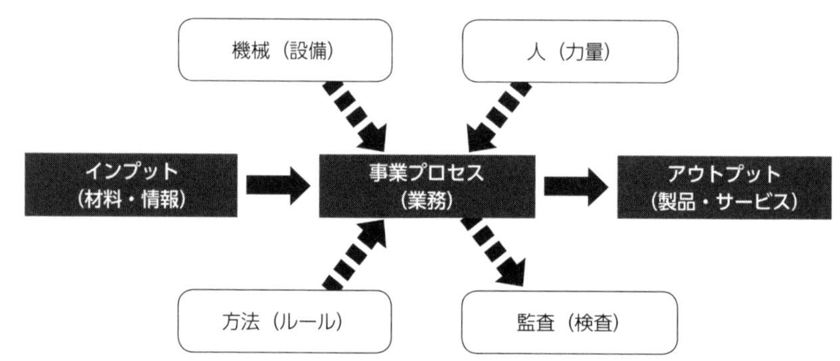

一つの事業プロセスのまわりに位置する、6つの視点からインタビューを進めていくことが、プロセスアプローチの手法です。

・インプットが、プロセスの実施に不足や不具合がないかなどの影響を見る
・プロセスがアウトプットに対してどのように影響しているかなどを見る
・業務を行うのに、設備や人員がどのように影響を与えているかを見る
・業務のルールや手順が適切に決定していて、業務終了がどのように決定されているかを見る

それぞれが、どのようにプロセスへ影響を与えているか、質問し、仕組みの不具合を共有するという手法です。

改善の機会になりそうだと着目した事業プロセスについて、プロセスアプローチ監査を行うことで、具体的に何を改善するべきかを、被監査者と共に探していきます。これは、10.2の不適合に対する是正処置の要求事項にある、不適合の原因を明確にすること、及び再発または他のところで発生しないようにするために、考えなければならない視点にも共通します。問題がありえる事業プロセスを、現れた状況に即してのみ行う処置にとどまる対症療法で終わらせることなく、根本的な解決、すなわち再発防止を考えるためのアプローチでもあります。

おそらく、プロセスアプローチの視点で監査のインタビューを行っていけば、監査員ではなく被監査者側が、根本的な解決のために何を改善するべきかに気がついていくことになります。

監査の目的は、不適合を見つけることではなく、環境マネジメントをより有効なものに改善していくことにあります。改善のための取組みは、当然被監査側が主体になるので、そのための気づきと視点を生み出すように監査を進める手法が、プロセスアプローチ監査です。

規格要求事項を基にしたインタビュー例

ISO14001への適合を中心に監査する場合、要求事項の順に確認していく監査シナリオも考えられます。事業プロセスの流れと異なる場合が多いので、その順番にとらわれすぎないように監査を進めます。

規格要求事項を基にしたインタビュー例を見てください。

■具体的に質問する場面を想定してみる

規格要求（例）	チェックしたいこと	質問の例
6.1.2 ・環境側面を特定する。 ・その情報を文書化する。	環境側面が特定され文書化されているか	◆環境側面・著しい環境側面の一覧表を見せてください。 ◆影響を及ぼすことができる環境側面について、説明してください。 ★環境側面は、最近ではいつ、どのような見直しを行いましたか？
6.1.3 ・環境側面に関する順守義務を決定する。 ・組織への適用方法を決定する。	順守義務がもれなく決定されているか	◆法的その他の要求事項を、一覧表等で見せてください。 ◆法令の改正などの情報は、どのように入手しますか？ ★法改正情報を入手した場合、自組織への影響を検討する手順を説明してください。 ★最近実施した、法対応で組織の仕組みを変えた例は？
6.2.2 ・環境目標を達成するために、計画を作成する。 ・目標達成の取組みを事業プロセスに統合。	目標達成の計画が妥当か	◆著しい環境側面は目的・目標に考慮されていますか？含まれない場合は、なぜですか？ ◆目標の達成状況を、定量的に教えてください。 ★事業と相反する内容にはどのようなことがありますか？
7.2 ・人々に必要な力量を決定する。 ・教育訓練のニーズを決定する。	組織の力量を備えているか	◆著しい環境影響の原因となりうる作業は、何ですか？その作業を行う人はどのような力量を有していますか？ ★組織が必要とする教育訓練の内容と、訓練後の力量が組織に十分である根拠を教えてください。
8.2 ・緊急事態の対応を準備する。 ・計画した対応処置を定期的にテストする。	緊急事態の想定に抜けがないか	◆環境に影響を与える可能性がある緊急事態はどのようなものがありますか？ ★環境に影響を与える緊急事態は、過去に発生しましたか？その際の対応と、その後の定期的なテスト内容を教えてください。
9.1.2 ・順守義務を評価するための、プロセス確立。	関連する法規制を守っている根拠は何か	◆法的その他の要求事項の順守を、どのように評価していますか？ ★過去に、法令に関わる違反事例や、違反しそうになった例にはどのようなことがありましたか？

◆規格の要求事項を直接質問する。
★具体的な内容を確認し、規格要求事項との妥当性を確認する。

この例では、一部を抜粋していますが、4.1 から 10.2 までの規格要求事項を切り口にして、順にインタビューしていくイメージです。規格要求事項の監査を行うという意味で、網羅的に確認ができます。多くの内部監査チェックリストは、規格要求事項の項番を基に構成されています。

質問の例は、◆と★で示しているように、規格要求事項を直接的に確認するもの、より深く、具体的な内容を投げかけることで、回答から規格要求事項との妥当性を確認するものを挙げています。ここでも、クローズドクエスチョンではなく、オープンクエスチョンを意識することが必要です。「○.○の要求事項はできていますか」のような質問の仕方はよくありません。

規格要求に沿って網羅的に監査ができるチェックリストになり得ますが、実際の環境マネジメントのプロセスは、条項番号どおりに構成されていません。あくまでも、規格要求事項を基にしたインタビューは、会話の糸口を与えられているだけで、チェックリストの順番にインタビューするのではなく、取組みごとにチェックリストを飛び回るように使用するイメージを持つ必要があります。その意味で、これを使いこなすためには、規格について順番に理解しているのではなく、各規格要求のつながりを理解している必要があり、監査者の力量が問われるものだと考えます。

内部監査のチェックリストは様々なものがありますが、特に規格要求事項の条項番号に沿ったチェックリストの場合、すべてを埋めようとする必要はありません。監査は限られた時間の中で行い、すべてを完全にチェックすることはできません。外部審査であっても内部監査であっても、サンプルチェックになります。

もちろん、今回の監査の重点監査項目や、次項で紹介する、環境目標と順守義務に着目する EMS の主要なチェック項目については、必ず行うべきですが、やり切れない項目や要素があることは、当然です。

チェックリストに✓のマークのみがすべて記載された内部監査の記録を見ることがありますが、それではよい内部監査ができていたとは考えられません。何をもって✓のマークを入れたのか、そのためにインタビューした情報など、✓のマークのまわりに取ったメモの方が、内部監査記録として価値があるものです。内部監査の記録の方法については、UNIT 3（100 頁）で紹介した様式も参考にしてください。テーマを持って内部監査を計画する意味では、内部監査のチェックリストや報告様式を、毎回変更しながら改善していくことも、有効な方法です。この改善も、EMS における継続的改善にあたります。

5 ISO14001 の全体像からの標準的な監査の進め方

環境パフォーマンス向上と順守義務の 2 つの PDCA サイクルに沿って監査を進めれば、ISO14001 の主要な要素の監査は完了します。この監査の進め方がおすすめです。

UNIT 2（24 頁）の規格要求事項のサーキット図を思い返してください。PDCA サイクルは、何重にもぐるぐると回っています。その中で重要なのは、環境目標、つまり環境パフォーマンスの向上のための取組みと、法令順守など順守義務に関わる PDCA サイクルです。

私は、内部監査は、この目標と順守義務の 2 つの PDCA サイクルを軸にして進めていくべきだと思います。目標についての P から D、C から A のプロセスを順にインタビューしていく、順守義務についての P から D、C から A のプロセスを順にインタビューしていくという 2 つの PDCA サイクルに合わせて監査を進めていきます。そうすると、その他の部分は、枝葉のように考えることができるのではないでしょうか。

■目標に着目した監査の視点

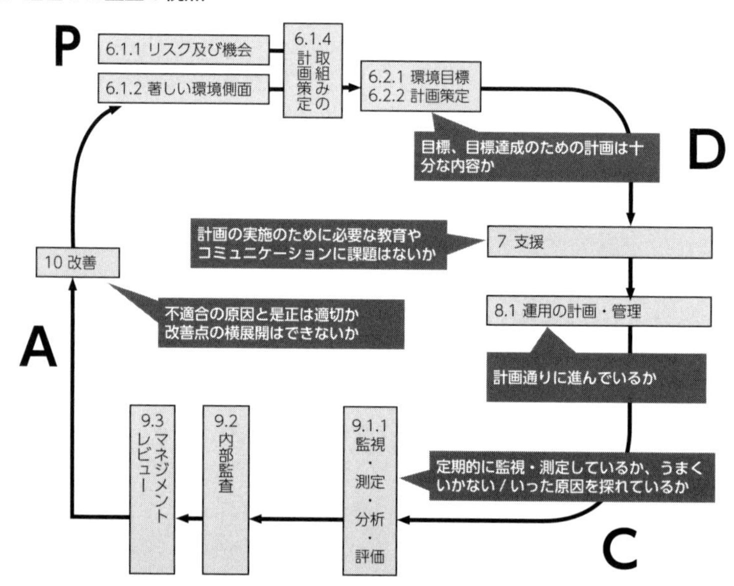

■順守義務に着目した監査の視点

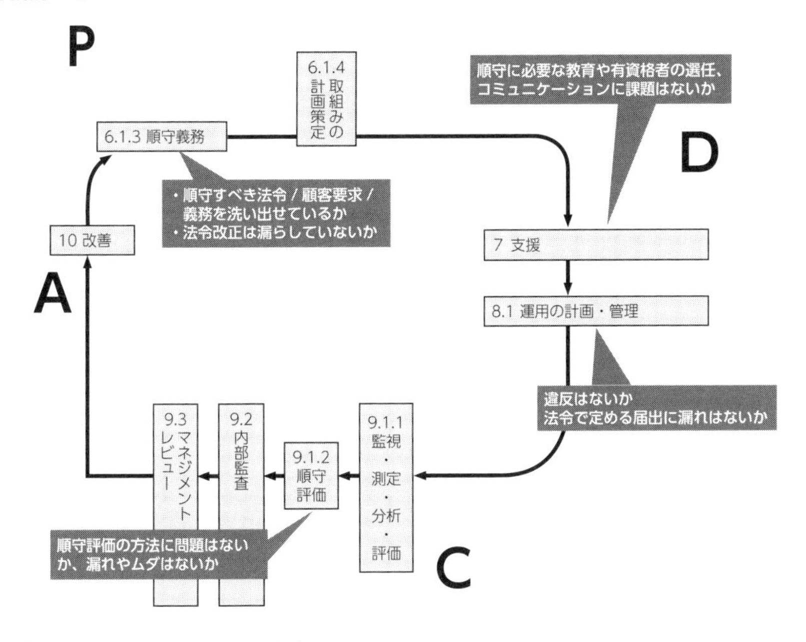

順守義務のPDCAサイクルは明確です。

目的は、順守すべき法律や条例、組織としての対外的な約束を守ることにありますから、順守義務として洗い出しができているか、確実に守られているか、それをチェックする仕組みが機能しているか、違反などが見つかった場合に再発防止策がとられているかという視点で確認していきます。

このPDCAサイクルは、廃棄物処理のルールに関するPDCA、消防法に関するPDCAのように、明らかな順守義務ごとに、何回もまわしていく形で監査を進めてもよいと思います。

また、順守義務について有効な監査を行うためには、監査員自身が順守義務の内容を把握していることが必要です。内部監査員に必要な力量として、規格要求事項の理解以上に、環境法令など順守義務の理解が必要だともいわれるゆえんはここにあります。規格の内容を知らなくても、順守義務の内容を把握し、それが守られる体制がとれているかという視点で監査をすればよいのです。

とはいえ、すべての順守義務について精通することはなかなか難しいものです。まずは、監査員自らの組織での順守義務を理解することから始めて、被監査組織の方がより詳しく理解している内容については、監査の場面で説明してもらい理解するような監査プロセスを踏んでもよいでしょう。もちろん、その説明に誤解や漏れがあれば、指摘できるだけの知識を持っていることが理想ではありますが、監査はお互いにとってのレベルアップになるという姿勢で構いません。

よりよい内部監査にしていくためには、表の３つのポイントが重要だと考えられます。

ポイント	内容・視点
①監査員が「意図」を持つこと	EMS の取組みを有効にするための基本となる視点
②事業プロセスとの統合を考えること	効率化だけでなく、EMS の重要性を事業プロセスと同等に捉える
③ EMS で重要な点に抜け漏れがないこと	リスク及び機会／環境側面／順守義務／環境目標／力量など、 あらゆる EMS のアウトプットにおいて、必要な要素が盛り込まれる

①監査員が「意図」を持つこと

意図とは、EMS の目的を果たしたいという想いです。環境パフォーマンスを向上させたい、順守義務を確実に守ってリスク回避をしたい、それらを通じて、組織の事業継続に貢献したいと考える気持ちです。

監査の場面は、客観的に組織を評価することができる、最高の改善の機会です。よいことを組織内に展開し、改善点は共に方策を考えるという想いがなければ、よい監査にはなりません。

②事業プロセスとの統合を考えること

環境マネジメントのあらゆる場面で、事業プロセスとの統合を考える必要があります。環境マネジメントの観点だけで必要だという取組みは、理解を得がたく継続的にはなりません。環境のためだけによいことを考えるのではなく、環境の視点がなかったとしてもやらなければならない活動につなげていくという視点が必要です。

③EMS で重要な点に抜け漏れがないこと

ISO14001 の要求事項は、それを順に行動していけば、その組織にあったマネジメントが構築できるように構成されています。規格で要求されている要素を、漏れなく実行していけば、環境への取組みを組織の成長につなげていくマネジメントができる、よい仕組みです。

監査の中では、想いをもって改善すべきと考えた点の指摘を見つければ、必ずその根拠になり得る規格の要求事項が用意されていると考えましょう。その意味でも、ISO14001 は道具として活用できるのです。

さらに、内部監査の場面や、内部監査員の研修や事前打合せ、スキルアップ研修などの機会を活かしながら、このような意識・知識（力量）をもつ内部監査員または組織のメンバーを増やし、広げていくことも重要です。

UNIT 5

内部監査「実践トレーニング」

これからトレーニングを始めます。トレーニングの目的になるのは、ISO14001:2015 の規格要求事項を正しく理解することです。実際の監査の場面では、規格要求事項だけではなく、組織の決めたルールや、組織が該当する順守義務の内容も監査基準になることが想定されます。
監査で起こり得る状況で、規格要求事項のどの条項番号が根拠となるのかを判断するトレーニングを行います。指摘の根拠とする条項番号は、内部監査の報告において明確にします。それは、指摘し、監査員として改善すべきだと考えるポイントを示すためです。
条項番号を示して指摘することで、システムとして改善すべき根拠を明確にするだけでなく、報告書における文章の記載を簡素化し、監査員と被監査者だけではなく関係するすべての人が、事象を正確に把握できる意義もあります。

トレーニング 1 条項番号指摘トレーニング　初級

トレーニングの狙いと考え方

まずは、例題を解いて、トレーニングのやり方を確認しましょう。

このトレーニングの目的は、事例があったときに、該当する規格要求事項を見つけることです。

そのためには、規格要求事項の全体像を把握している必要があります。

下のサーキット図を思い浮かべて、ISO14001 が求めている PDCA サイクルのプロセスをイメージするといいでしょう。

■サーキット図

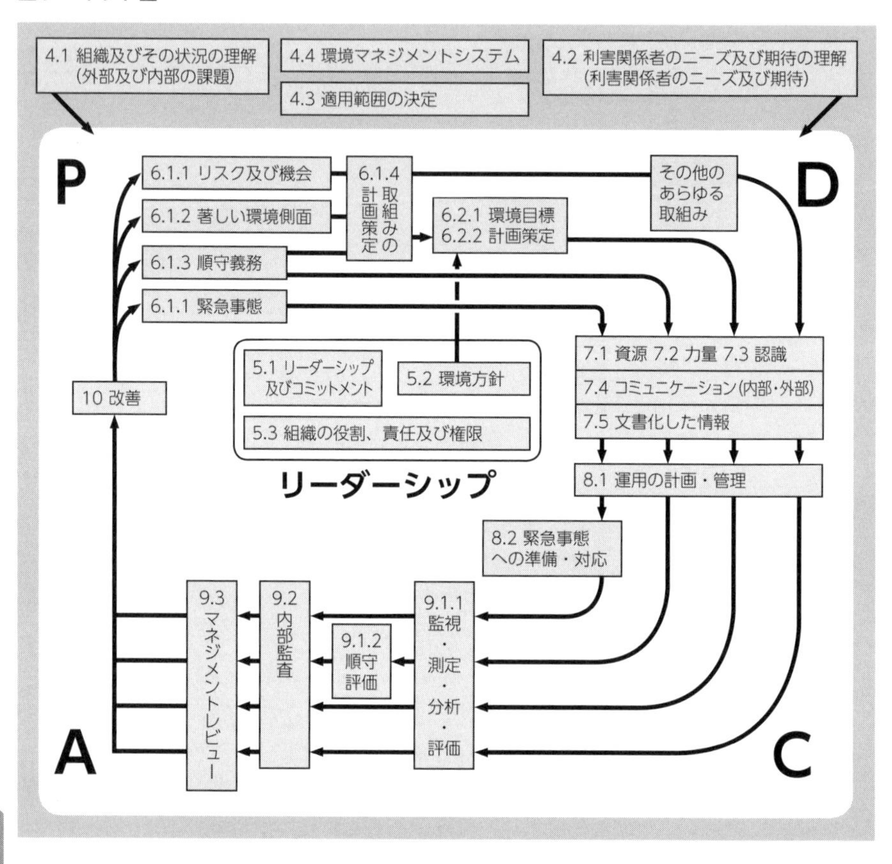

例題

事例の状況は、どの要求事項に対して不適合が疑われるでしょうか。その要求事項の条項番号を記入してください。条項番号は 118 頁のサーキット図も参照してください。

廃棄物に関係する法令が改正され、新たな義務が生じたが、特定された順守義務の一覧が改訂されていない。

条項番号：＿＿＿＿＿＿

事例は、環境関連法令改正があったという状況です。環境関連法令は、国際的な規制を含む環境問題の変化や、新たな健康被害の発覚に対応し続けるために、特に改正が多いですよね。さて、改正に伴い新たな義務が生じているのに、順守義務の一覧表が改訂されていない場合､規格要求事項のどの条項番号における不適合が疑われるでしょうか。

区分	要求事項	メモ
疑われる条項番号	6.1.3	6.1.3 は、組織が守るべき順守義務を決定するプロセスです。要求事項の中の「情報を維持する」には、改正などの法令等の変更を監視して更新していく要素が含まれています。
考えにくい条項番号	▲ 9.1.2	9.1.2 は、順守義務に関連しますが 6.1.3 で挙げた順守義務をチェックするプロセスです。事例では、順守義務を決定するプロセスに不備がありました。
	▲ 8.2	8.2 の「潜在的な緊急事態」とは、事故や事件などの災害や損害を想定しています。法改正のような、社会的な法規制は 6 の計画の中で捉えます。

この場合、不適合が疑われる条項番号として、6.1.3 がふさわしいといえます。規格では 6.1.3 で、順守義務を明らかにすることを求めています。そしてその情報を維持する必要があります。事例の状況は、情報の維持ができていない、ということで、6.1.3 に注目して、不適合だといえる状況です。

9.1.2 は順守義務に関連しますが、6.1.3 で挙げた順守義務をチェックするプロセスですので考えにくいでしょう。8.2 も、表のとおりです。

事例の文章のみしか監査証拠がありませんので、それだけで不適合であるかが明らかにならない場合もあります。このトレーニングでは、不適合か否かを判断するのではなく、事例の状況があった時にどの要求事項を「目の付けどころ」にするかを判断するものです。つまり、4 ～ 10 の規格要求事項の全体像を理解するトレーニングです。

では、なぜ指摘するべき条項番号を判断する必要があるかというと、本質的な改善につながる監査にするためです。指摘する条項番号は、改善すべきプロセスを指しています。仕組みの中のプロセスに指摘が見つけ出せなければ、何が悪かったのか原因の究明ができず、改善につながりません。

問題

事例の状況は、どの要求事項に対して不適合が疑われるでしょうか。その要求事項の条項番号を記入してください。条項番号は118頁のサーキット図も参照してください。

1. リスク及び機会を決定する際、利害関係者である取引先のニーズ及び期待を考慮に入れていなかった。

条項番号：＿＿＿＿＿

2. 社長（トップマネジメント）にISO14001を導入している理由（有効性）をたずねたが、明確な答えがなかった。

条項番号：＿＿＿＿＿

解説

1. 「利害関係者のニーズ及び期待」を決定しているのではなく、「リスク及び機会」を決定しようとしています。

区分	要求事項	メモ
疑われる条項番号	6.1.1	事例の状況では「リスク及び機会を決定する際」とあり、どのプロセスかは明確です。6.1.1 はリスク及び機会を決定するプロセスです。b）において、4.2（利害関係者のニーズ及び期待）に関連するリスク及び機会を決定しなければならないとされているので、不適合が疑われます。
考えにくい条項番号	▲ 4.2	4.2 は、利害関係者のニーズ及び期待を決定するプロセスであり、リスク及び機会を決定するプロセスではありません。
	▲ 7.5.1	7.5.1 は、規格の要求事項に基づいて文書化する際のルールを定めています。事例の状況にあるリスク及び機会は文書化することが6.1.1 で要求されています。その意味で、7.5.1 も疑われますが、7.5 は、文書化のやり方や管理方法についての要求事項なので、本質的な指摘になりません。 文書としての作成方法などに不備があることは、この監査証拠からは読み取れません。

2. 「トップマネジメントは●●しなければならない」とする要求事項は、「5 のリーダーシップ」と、「9.3　マネジメントレビュー」で登場します。

区分	要求事項	メモ
疑われる条項番号	5.1	事例の状況は、トップマネジメントにインタビューをしています。5.1 には、トップマネジメントのリーダーシップをどのように果たすのかが定められており、不適合が疑われます。 さらに詳しく見ると、a）、g）での不適合が疑われます。 a）でトップには、「マネジメントシステムの有効性に説明責任を負う」とされています。 g）で、EMS の有効性に寄与するように人々を指揮して、支援する要求事項があり、この点からも不適合が疑われます。
考えにくい条項番号	▲ 9.3	9.3 は、マネジメントレビューのプロセスで、マネジメントレビューにおけるインプットとアウトプットの要素を定めています。ここでは、トップマネジメントのアウトプットの内容までを問うものではありません。 今回の事例は、マネジメントレビューでインタビューしている状況が想定されますが、特定はできません。トップマネジメントの考え方や資質にあたる場面なので、5.1 がより適切です。
	▲ 9.2.1	9.2.1 では、b）で有効性について言及がありますが、内部監査に関する要求事項です。 トップマネジメントに対してではなく、組織の内部監査におけるプロセスであり、適切ではありません。

問題

3. 外部からの苦情に対しては、対応した結果をトップマネジメントに報告することと決められていたが、報告されていなかった。

条項番号：＿＿＿＿＿

4. 監査予定メンバーが欠席したため、内部監査員資格のある、被監査部門の責任者が代わりに監査を実施した。

条項番号：＿＿＿＿＿

解説

3. 「トップマネジメント」という単語が登場しますが、トップマネジメントの行動について指摘をする場面ではないようです。

区分	要求事項	メモ
疑われる条項番号	7.4.3	事例の状況は、外部からの苦情に対応する、外部コミュニケーションのプロセスです。 7.4.3 では、確立した外部コミュニケーションプロセスのとおりに実施する要求があり、不適合が疑われます。
	7.4.1	7.4.1 は、7.4.2 と 7.4.3 の内部及び外部コミュニケーションの一般項目として、共通する要求事項が示されています。7.4.3 で不適合が疑われるということは、当然 7.4.1 での不適合も考えられます。確立したコミュニケーションプロセスが実施されていないことが疑われます。
考えにくい条項番号	▲ 8.1	8.1 には「外部」という単語が登場しますが、8.1 では、組織が外部委託した関係者に対して要求事項の伝達などをして、外部委託したプロセスも含めて実施（Do）する内容です。 事例の状況では、苦情の発信者が外部委託したプロセスである可能性もありますが、そこまでは特定できません。

4. 内部監査が有効に機能しているかどうかを考えている状況です。であれば、内部監査に関する要求事項が目の付けどころになります。

区分	要求事項	メモ
疑われる条項番号	9.2.2	事例の状況は、内部監査を実施しているプロセスであり、9.2.2 が疑われます。 b）では「客観性及び公平性を確保する」要求事項があります。被監査部門の責任者による監査は、自職場を監査することになり客観的ではない場合があります。
考えにくい条項番号	▲ 5.1	5.1 は、トップマネジメントに対する要求事項です。責任者にも、この要求事項が適用される可能性はありますが、事例の状況は、内部監査を実施しているプロセスであり、9.2.2 が適切です。

問題

5. マネジメントレビューへのインプットに是正処置の状況が含まれておらず、考慮されていない。

条項番号：＿＿＿＿＿

6. 「リスク及び機会」で決定した内容が、３年連続で変わっていない。

条項番号：＿＿＿＿＿

解説

5. 事例の状況は、是正処置について不備がありそうでしょうか、マネジメントレビューについて不備がありそうでしょうか。

区分	要求事項	メモ
疑われる条項番号	9.3	事例の状況は、マネジメントレビューのプロセスです。9.3では、マネジメントレビューにおけるインプット項目が列挙されており、そのd)に「不適合及び是正処置」があります。この点での不適合が疑われます。
考えにくい条項番号	▲ 10.2	10.2は不適合があった場合に是正処置をどのように実施するのかを求めています。事例の状況（規格要求のインプットに不備がある）はそれ自体が、不適合であるとも捉えられます。ただし、マネジメントレビューのプロセスであることから、9.3の方が妥当です。
	▲ 5.1	5.1はトップマネジメントに対する要求事項です。インプットに不足がある状況は、事務局などの不備が疑われることから、考えられません。

6. このトレーニングでは、不適合であるかどうかの結論を考えるのではなく、目の付けどころを見つけます。疑われるならば、規格要求の内容を想定してさらに監査を続けていきます。

区分	要求事項	メモ
疑われる条項番号	6.1.1	事例の状況は、リスク及び機会を決定するプロセスであることから、6.1.1の不適合が疑われます。 ただし、3年連続で変わっていないという事実のみで不適合であるとは言い切れません。 様々な状況の変化によって、リスク及び機会が変化しているにもかかわらず、決定された内容が変更されていない事実があれば、リスク及び機会を決定していない、あるいは、文書化した情報が維持されていないとして、不適合を指摘します。
考えにくい条項番号	▲ 7.5.3	7.5.3は、規格の要求事項に基づいて文書化された情報の管理ルールを定めています。 事例の状況は、文書化されたリスク及び機会という文書の見直しがされていない点で、管理に不備があるとも疑われます。ただし、7.5.3は、文書の保存やナンバリングなどの文書管理そのものについての要求事項なので、本質的な指摘になりません。

問題

7. エネルギーを大量に消費する設備を持つ部門について、EMSの適用範囲に含めていない。

条項番号：＿＿＿＿＿

8. 重油を大量に燃焼し消費する設備があるが、CO_2の排出に関する内容を環境側面に決定していない。

条項番号：＿＿＿＿＿

解説

7.「エネルギーを大量に消費する設備」は、著しい環境側面になりそうです。また、省エネ法などの規制にも影響するでしょう。しかし、適用範囲に含まれていなければ、内部監査の対象にもなりません。

区分	要求事項	メモ
疑われる条項番号	4.3	事例の状況は、適用範囲を決定するプロセスであることから、4.3の不適合が疑われます。 不適合であるかどうかは、この文章からは読み取れませんが、エネルギーを大量に消費することは、環境に影響を与えうるものであり、内部の課題と考えられます。適用範囲を決定する際に、それを考慮した上で決定したのか判断する必要があります。
考えにくい条項番号	▲ 6.1.2	6.1.2は、組織が管理できる著しい環境側面を決定することを求めています。適用範囲を決定するプロセスなので、「環境側面の決定」はこの事例に該当しません。
	▲ 6.1.3	6.1.3は、法規制を順守しているかを確認する仕組みを要求しています。適用範囲に含まれた場合には、関連する順守義務を決定することが想定されますが、事例の状況は、適用範囲に含むかどうかを決定するプロセスです。

8. 著しい環境側面を決定する基準は組織が定めるものなので、合理的な説明があれば自由に決めてよいです。ただし、環境側面については、ある程度網羅的に抽出するべきでしょう。

区分	要求事項	メモ
疑われる条項番号	6.1.2	事例の状況は、環境側面を決定するプロセスです。重油の燃焼に伴い、多量のCO_2排出が想定され、環境側面として決定する必要性があると想定されます。
考えにくい条項番号	▲ 6.1.3	6.1.3は法規制などの順守義務を決定する仕組みを要求しています。この事例の文章は、環境側面を決定するプロセスです。
	▲ 6.2	6.2は環境目標を立て、計画を策定することを要求しています。目標を設定する前に、6.1.2の環境側面を決定し、6.1.4取組みの計画策定を要求しています。
	▲ 9.1.1	9.1.1は、環境パフォーマンスの監視、測定、分析、評価を要求しています。 重油の使用量について、監視、測定していることは読み取れますが、監視、測定する前に、環境側面として決定するプロセスが要求されています。

問題

9. 組織として、原材料となる資源の投入量削減に取り組んでいるが、その取組みについての環境目標を設定していない。

条項番号：＿＿＿＿＿

10. 環境マニュアルについて、最新版であるかの判断ができない。

条項番号：＿＿＿＿＿

解説

9. 規格の要求するプロセスに組織の活動を合わせるというよりも、組織が取り組んでいる活動が、規格要求事項のどの番号に該当しているかを考えるべきです。

区分	要求事項	メモ
疑われる条項番号	6.2.1	事例の状況からは「資源の投入量削減」に取り組んでいることは確認できます。環境目標として設定していなくても、実際には目標があるのではないでしょうか。事業プロセスにおいて、実際に取り組んでいる内容を環境目標に位置付けることが検討されます。 　不適合であるかどうかはこの事例の文章からは読み取れませんが、環境目標を設定するプロセスが、指摘の着眼点になります。
考えにくい条項番号	▲ 7.1	7.1 は組織の活動に対して必要な資源を決定することを、要求しています。「資源の投入量削減」に関する環境目標の事例であり、「7.1 資源」とは別のプロセスです。
	▲ 8.1	8.1 は組織の運用管理ではありますが、目標に対する取組みが求められています。運用する環境目標に対する事例であり、「8.1　運用」の指摘はそぐわないでしょう。

10. マニュアルや手順書などの文書類も最新版が共有されていなければ、改善されていない改訂前の運用を続けてしまっているかもしれません。

区分	要求事項	メモ
疑われる条項番号	7.5.2	事例は、作成した文書の更新管理に関する指摘であり、規格は適切な識別を要求しています。 不適合であるかどうかは、この文章からでは読み取れませんが、「環境マニュアル」を旧版で運用した場合の運用のズレが起こり得る状況で、不適合が想定されます。
考えにくい条項番号	▲ 4.4	4.4 は「環境マネジメントシステム」の「意図した成果」の活用に関する事項です。設問は文書管理の要求事項であり、7.5.2 の要求事項が妥当といえます。
	▲ 5.3	5.3 はトップマネジメントの「役割、責任及び権限」の要求事項であり、「環境マニュアル」の管理は要求していません。

問題

11. 緊急事態として特定している地震などの自然災害時の廃液流出対応について、対応手順を定期的にテストしていない。

条項番号：＿＿＿＿＿

12. マネジメントレビューの結果において、報告事項のみが記録されており、トップマネジメントからのコメントがなかった。

条項番号：＿＿＿＿＿

解説

11. この組織は廃液流出を緊急事態として特定しています。緊急事態に関わるPDCAのサーキット図のどれなのかが目の付けどころになります。

区分	要求事項	メモ
疑われる条項番号	8.2	規格では、特定した緊急事態の対応手順を確立し、実行可能な場合は定期的なテストを要求しています。 不適合であるかどうかは、この文章からは読み取れませんが、自然災害を特定し対応手順を策定しているのであれば、見直しが必要といえます。
考えにくい条項番号	▲ 6.1.1	6.1.1は6.1の要求事項を満たすために必要なプロセスを確立し、実施し維持することを求めています。 緊急事態は6.1.1においては「潜在的な緊急事態の決定」までが要求事項であり、事例のテストまでは含まれていません。8.2が要求事項になります。
	▲ 9.2	9.2は環境マネジメントシステムの内部監査を要求しています。事例は緊急事態のテストであり、内部監査に個別のテストは該当しません。
	▲ 9.3	9.3はトップマネジメントへの報告を要求しています。事例は組織が決定した「対応手順」に関連しており、トップマネジメントへの報告には該当しません。

12. より本質的な改善点を想像すると、マネジメントレビューが形骸化しているのかもしれません。文章からはマネジメントレビューのアウトプットに不足があったことがわかります。

区分	要求事項	メモ
疑われる条項番号	9.3	事例はマネジメントレビューの「アウトプット」がなかったことを指摘しています。 不適合であるかどうかは、この文章からは読み取れませんが、マネジメントレビューを行った場合は必ずトップからの指示事項（コメント）が必要になります。
考えにくい条項番号	▲ 5.1	5.1はトップマネジメントが実証することを要求しています。ただし、事例は「マネジメントレビューの結果」に関するものであり、9.3が妥当です。
	▲ 9.2.2	9.2.2は「内部監査プログラム」であり、管理層への報告と文書化情報の保持までが、要求事項です。事例はトップマネジメントからの「コメント」であり、要求事項とは考えにくいといえます。

トレーニング 2 不適合報告トレーニング

トレーニングの狙いと考え方

不適合演習では、最初に監査者と被監査者の対面監査で交わした内容を、内部監査例として熟読します。その中で、内部監査基準に対して、基準を満たしていない不適合内容があれば「不適合の状況（客観的事実）」を記載します。

次に、「不適合の根拠（規格の表現を用いて）」を記載します。その詳細の説明として、「条項番号」を記載します。

この演習での監査基準は、ISO14001（JIS Q 14001）とします。

実際の監査においては、組織が定めるルールなども基準になりえますが、これは規格を理解する演習です。

さらに次の枠において、内部監査の中で、被監査側に「気づき」を与えるため、内部監査で「インタビューするポイント」を「どのような視点」で質問すればよいか、考えてみます。

「不適合の問題点を確認」の視点では、その問題点についてプロセスアプローチ監査をするように、深掘りするようなインタビューを重ね、どのように改善していけば本質的な改善につながるかを考えていきます。

「指摘した不適合について違う条項番号で指摘する可能性を考える」の視点では、関連する他のプロセスの改善が望まれるかを検討し、その可能性を探します。

「指摘した不適合以外の状況について」の視点では、会話の中で違和感、改善の可能性を感じた点について、さらにインタビューを続けます。それは、パフォーマンスとシステムの有効性監査の視点ともいえるでしょう。

マネジメントシステムの仕組みの中で、どこに是正すべき事項があるのか、質問しながら情報共有を行い、被監査者に「気づき」を与えるのが、内部監査の目的といってもよいでしょう。

では、ある監査員と被監査者のやりとりを例題に見てみましょう。

例題

この事業所の環境目標は何か教えてください。

こちらの目標計画表を見てください。私たちは省エネルギーと廃棄物の削減を目標に決めています。省エネルギーについては、事業所設立当初から、10年以上環境目標を決定しています。今年は、原油換算で、昨年度より総量で５％削減を目標値としています。

わかりました。目標の実施計画はどのようになっていますか？

それは目標計画表のこちらにあります（表の該当部分を示す）。
働き方改革による消灯時間の前倒しと、照明器具のLED化などです。

わかりました。…この実施計画に関する責任者の記載がないようですが？

特に責任者については定めていません。

それはなぜですか？

省エネルギーは事業所全員で取り組むべき内容だからです。

この発言のやりとりを見ていると、よくないと思うことがいくつかあるはずです。それが疑われるポイントです。それは、不十分な対応ではないかと疑いを持つ、つまり違和感を感じるようなポイントでもあります。この演習における監査証拠は、被監査者の発言内容しかありません。

疑われるポイント（監査証拠中の違和感）	疑われる要求事項	不適合といえるか	解説
10年以上省エネルギーの目標を決定している	6.2.1	いえない	省エネルギーが、継続的に取り組む目標であれば、問題ない。目標そのものの見直しがされていなければ、不適合の可能性はある。
	6.1.4	いえない	著しい環境側面、順守義務、リスク及び機会から、目標とすることが適切かどうかを追及する余地はあるが、ここまでの監査証拠から、不適合とは判断できない。
今年は、昨年度比５％の総量削減を目標値としている	6.2.1	いえない	総量での数値目標は、組織の活動量に左右されるため、適切な指標であるか検討する余地はある。ただし、測定可能な目標値ではある。
実施計画の責任者が定められていない	6.2.2	いえる	環境目標達成の計画において、責任者を決定することは要求事項である。
	7.2	いえない	この責任者に必要な力量が求められる可能性がある。責任者を定めていないのは、力量を持つ者が不在であることが理由である可能性はあるが、ここまでの監査証拠からは、判断できない。

この不適合演習の進め方を解説します。

これは、実際の内部監査を実施する際の進め方とも同じです。

まず、監査証拠（この不適合演習では、被監査者の発言以外にはありません）を集めていきます。実際には、インタビューをしたり、文書を見たり、という場面です。

監査証拠から、どの要求事項に対する不適合か予想します（実際の監査では、不適合を見つけていくことよりも、環境への取組みがよりよくなる視点が強いと思いますが、内部監査養成の演習では、「不適合を見つける！」という視点で演習します）。

その予想が、確実に不適合であるといえる十分な証拠があるかを判断します。

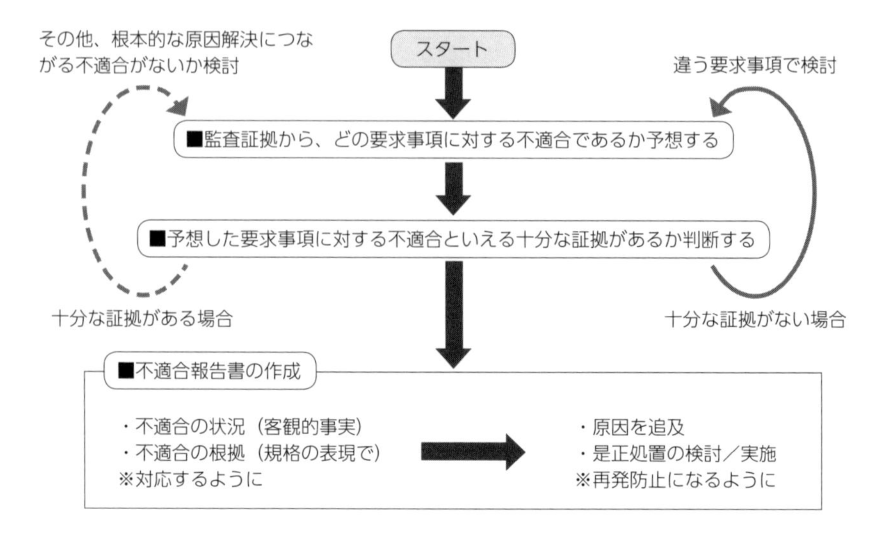

そして、分析した内容を、次のような報告書にまとめていきます。

■不適合であると指摘できるものについて

⇒不適合の状況と規格の根拠を、条項番号を示して記載します。ただし、他に根本的な原因解決につながる不適合があった場合には、そちらを採用します。

■不適合であるといえるほどの監査証拠がないものについて

⇒実際の監査では、さらに監査証拠を集めていきます（＝さらにインタビューをしたり、文書や記録を求めたり、という次のアクションを考えていくことで、内部監査を進めていく）。

その内容を埋めた、一つの解答例が次の報告書です。

<報告書>

項目	不適合の報告内容
不適合の状況 (客観的事実)	目標計画表の環境目標の実施計画において、責任者が定められていない。
不適合の根拠 (規格の表現を用いて)	環境目標をどのように達成するかについて計画するとき、責任者について決定していない。
条項番号	6.2.2　環境目標を達成するための取組みの計画策定

不適合であれば､原因追及とそれに対する緩和及び是正処置を考えることが重要です。この演習事例で不適合とした内容で考えるならば、以下のようになります。

（想定）責任者を決定する必要があると理解していなかった。

⇒計画の内容に合わせて、責任者を決定する。

規格要求事項に不備がある以上、規格要求事項の内容について再度理解をするプロセスが必要になるのは当然であり､そこでの真の原因追及は難しいかもしれません。また、単に実施・決定されていないものについての是正処置は、実施・決定するということになります。演習においては､規格要求事項に対する不適合を見つけ出すことになるため､原因追及とそれに対する緩和及び是正処置は、単純なものとしています。

<報告書>（続き）

視点	インタビューするポイント　　※質問する形式で
不適合の問題点を確認 (是正処置を考える)	・働き方改革を中心に進めている責任者は誰ですか？ ・消灯時間は、どれくらい前倒しになっていますか？ ・照明器具のＬＥＤ化の進捗状況と今後の計画を教えてください。 ・目標が達成できなかった場合、どのように改善しますか？
指摘した不適合について違う条項番号で指摘する可能性を考える	(7.2) ・計画を進めるために、必要な教育や資格などはありますか？
指摘した不適合以外の状況について (パフォーマンスの有効性) (システムの有効性)	(総量を目標値としていることの妥当性を確認したい) ・昨年度より総量で５％削減を目標値とした理由を教えてください。 ・総量は、事業活動の増減に影響を受けますか？ (現在の目標が適切なのかを確認したい) ・省エネルギーと廃棄物の削減以外の取組みはありますか？

実際の監査の場面では、なぜ規格でそのようなことが要求されているのかという被監査者の疑問に答える必要もあるでしょう。例題の計画の責任者を決定することに関して言えば、責任者が明確でなければ、マネジメントが確実に実行されない可能性があります。また、計画と実施の差異が発生した場合に、差異を責任者が修正するように行動します。責任者は目標達成のために、重要な役割があります。

問題

1. 環境側面登録表を見ている監査員と被監査者のやりとりを分析して、次の報告書を埋めましょう。

環境側面を漏れなくするために、どのような視点で抽出していますか？

ライフサイクル視点と、通常 / 非通常 / 緊急という視点です。ライフサイクルの視点では製品の原材料の選択にも環境への影響があることについては、昨年から環境側面に加えました。しかし、現時点ではその取組みもなかなかできていません。

わかりました。では、抽出された環境側面からどのような基準で著しい環境側面を決定しているのですか？

著しい環境側面は、環境担当役員が「環境目標として挙げられる内容」として毎年度選定しています。どのようにして決定したのかは環境担当役員に聞かないとわかりません。

わかりました。
著しい環境側面を決定する手順は文書化されていますか？

文書はありませんが、先ほどお伝えしたように、著しい環境側面については、毎年、環境担当役員が決定しており、特に問題は感じていません。

<報告書>

項目	不適合の報告内容
不適合の状況（客観的事実）	
不適合の根拠（規格の表現を用いて）	
条項番号	

視点	インタビューするポイント　※質問する形式で
不適合の問題点を確認（是正処置を考える）	
指摘した不適合について違う条項番号で指摘する可能性を考える	
指摘した不適合以外の状況について（パフォーマンスの有効性）（システムの有効性）	

解説

1. 著しい環境側面を決定するプロセスです。そうなると、着目すべき規格要求事項は6.1.2です。6.1.2の要求事項を想定しながら、監査を進めています。

<報告書>

項目	不適合の報告内容
不適合の状況 (客観的事実)	著しい環境側面の決定にあたり、明確な基準を定めておらず、基準に関する文書化もされていない。
不適合の根拠 (規格の表現を用いて)	設定した基準を用いて、著しい環境側面を決定しなければならない。著しい環境側面を決定するために用いた基準に関する文書化した情報を維持できていない。
条項番号	6.1.2　環境側面

視点	インタビューするポイント　※質問する形式で
不適合の問題点を確認 (是正処置を考える)	・環境担当役員は、どのような基準で著しい環境側面を決定していますか？ ・著しい環境側面は、目標に挙げられるものしか選定されていないのですか？ ・著しい環境側面を決定するプロセス（環境担当役員が決定）に、よりよい方法はないでしょうか？
指摘した不適合について 違う条項番号で指摘する 可能性を考える	—
指摘した不適合 以外の状況について (パフォーマンスの有効性) (システムの有効性)	・他に、著しい環境側面となりえる環境側面はないでしょうか？

問題

2. 順守義務一覧表を見ている監査員と被監査者のやりとりを分析して、次の報告書を埋めましょう。

この一覧表の順守事項が守られているか、確認を行っていますか？

はい。必要な届出がされているか、あるいはマニフェストの管理がされているかなど、各部門の責任者が担当に口頭で確認をしています。

どのような計画で、各部門の責任者が、担当者へ確認していますか？

各部門の責任者が、必要と判断した場合に確認しています。

各部門の責任者が必要と判断する基準を教えてください。

基準はありません。確認する頻度や時期を、各部門の責任者の力量に任せています。各部門の責任者は、職制で決定した役職者であり、辞令と同時に力量があるとトップが認めたこととしています。

その各部門の責任者が確認した結果についての記録はありますか？

これまで順守義務のある事項が守られていなかった事例はありませんでしたので、特に記録には残していません。

＜報告書＞

項目	不適合の報告内容
不適合の状況（客観的事実）	
不適合の根拠（規格の表現を用いて）	
条項番号	

視点	インタビューするポイント　※質問する形式で
不適合の問題点を確認（是正処置を考える）	
指摘した不適合について違う条項番号で指摘する可能性を考える	
指摘した不適合以外の状況について（パフォーマンスの有効性）（システムの有効性）	

解説

2. 順守評価とは、法規制を順守していることを確認する頻度を決定し、評価します。順守していることの確認とは、順守基準を決め、評価することです。評価するためには、組織に順守義務があり、順守するための仕組み（組織にどのように適用するかを決定）を作り、評価するための基準決定と基準を満たさない場合の対処を行います。この体制を構築するためには、文書記録の教育や法規制の知識習得と規制内容理解、また維持させるための組織的な仕組みも必要になります。

<報告書>

項目	不適合の報告内容
不適合の状況 （客観的事実）	担当者の法順守実施を、いつ・何を基に・どこを確認して順守評価するかの計画がなく、順守義務のある法規制等を順守し、順守した結果を管理している記録が確認できない。
不適合の根拠 （規格の表現を用いて）	順守を評価する頻度を決定し、順守を評価し必要な場合に処置を行った記録がないため、法規制を順守している根拠が確認できない。
条項番号	9.1.2　順守評価

視点	インタビューするポイント　※質問する形式で
不適合の問題点を確認 （是正処置を考える）	・すべての順守義務を順守していることを評価するために、組織にどのように適用するかを決定して（責任者が担当者に口頭で確認等）いるが、適用方法が妥当であるかを確認するために、すべての順守義務を定期的に評価していますか？（必要なプロセスを確立しているか？）
指摘した不適合について違う条項番号で指摘する可能性を考える	・次の事項が適切に行われているかを確認する。 ① 4.2 にある、組織の順守義務を決定していますか？ ② 6.1.3 にある、順守義務を組織にどのように適用するかを決定しているか？ ③ 9.1.2 にある、順守評価の頻度・基準・評価に必要な力量を維持していますか？（7.2）
指摘した不適合以外の状況について （パフォーマンスの有効性） （システムの有効性）	・順守評価を行う管理者の力量が明確で、維持するための仕組みが確立していますか？ ・結果の記録・保管・保護（機密性、不適切な使用や完全性の喪失防止）が行われていますか？

問題

3. 監査員と被監査者のやりとりを分析して、次の報告書を埋めましょう。

過去に、油タンクからの流出事故があったとのことですが、その時の状況について教えてください。

２年前に発生しました。油の流出は、外部業者による保管タンクへの補給時に発生しましたが､流出は公共水域にまで及ぶことはなく、コンクリート床面に広がる程度でした。

あらかじめ流出時の対応手順は決められていたのですか？

油タンクから油が流出する事態は、潜在的な緊急事態として、あらかじめ対応手順を定めていました。事故時も対応手順に従って、吸着剤を使用して、油を回収できました。

事故後に、緊急時の対応手順について、見直す点はありましたか。

もっと規模が大きな事故でしたら、吸着剤が不足する可能性もあるとは思いましたが、なかなか発生しないでしょうから、特に対応手順は見直していません。
事故時に、補修材の有効期限が過ぎていたことを確認したので、新しく買い換えました。

わかりました。

＜報告書＞

項目	不適合の報告内容
不適合の状況（客観的事実）	
不適合の根拠（規格の表現を用いて）	
条項番号	

視点	インタビューするポイント　※質問する形式で
不適合の問題点を確認（是正処置を考える）	
指摘した不適合について違う条項番号で指摘する可能性を考える	
指摘した不適合以外の状況について（パフォーマンスの有効性）（システムの有効性）	

解説

3. 緊急事態が発生した場合には、その対応についてレビューすることが要求事項にあります。ここでのレビューとは、その計画で問題がなかったのか、改善点がないかを検討し、必要ならば計画の見直しを行うことです。検討の結果、変更点がないという結論もレビューであるといえますが、この場合は、不十分であったといえます。
   補修材の有効期限の管理などは、定期的なテストを行っている際に確認できる可能性があり、テストのプロセスにも不備があった可能性が高いです。しかし、インタビューの監査証拠からは、テストのプロセスについて、明確な証拠がありません。さらにインタビューを重ねて、すべての改善点を明らかにしていきたい状況です。

<報告書>

項目	不適合の報告内容
不適合の状況 (客観的事実)	油の流出という緊急事態に対する対応手順が定められていたが、事故の事実があった際、レビューは実施されていなかった。
不適合の根拠 (規格の表現を用いて)	緊急事態の発生の後に、プロセス及び計画した対応手順をレビューしていない。
条項番号	8.2　緊急事態への準備及び対応

視点	インタビューするポイント　※質問する形式で
不適合の問題点を確認 (是正処置を考える)	・発生した事故よりも規模の大きな流出事故があった場合に、どのような対応が考えられますか？
指摘した不適合について違う条項番号で指摘する可能性を考える	・保管タンクの耐久性について、問題はありませんか？ ・外部業者が流出時の対応を行う可能性がありますか？　その場合、必要な手順などを伝えていますか？ ・補給時の手順に不備や再発防止のための改善点はありませんか？
指摘した不適合以外の状況について (パフォーマンスの有効性) (システムの有効性)	・緊急事態への対応手順のテストを実施していましたか？　テストの実施の頻度は？ ・テストの際、補修材など備品類の有効期限を確認する手順は含まれていましたか？ ・コンクリート床面へ油が流出した場合、吸着することで、その後の環境影響は考えられませんか？

問題

4. 監査員と被監査者のやりとりを分析して、次の報告書を埋めましょう。

昨年の監査で廃棄物処理法の順守状況に関する不適合があったようですね。不適合の内容は「保存されていないマニフェストＡ票があった」とのことですが、原因は何だったのですか？

新任担当者のミスです。該当の担当者にはすでに指導をしています。

どのような指導を行ったのですか？

マニフェストの発行作業と発行後のＡ票の保管方法を、手順書を基に説明しました。

新任担当者へは、どんなタイミングで教育を行っていますか？

新任担当者への教育は、上司が必要性を判断して行っています。

わかりました。その他に対策は行ったのですか？

いえ、それ以上の対策は行っていません。

＜報告書＞

項目	不適合の報告内容
不適合の状況（客観的事実）	
不適合の根拠（規格の表現を用いて）	
条項番号	

視点	インタビューするポイント　※質問する形式で
不適合の問題点を確認（是正処置を考える）	
指摘した不適合について違う条項番号で指摘する可能性を考える	
指摘した不適合以外の状況について（パフォーマンスの有効性）（システムの有効性）	

解説

4. 担当者のミスを原因にすると、特定の個人が不適合の原因になり、対策が「担当者を変える」というような是正処置になり、不適合の事象が再発する原因になります。この事例では、組織の仕組みに問題がなかったか、監査の中で仕組みがどのようになっていたかを確認します。
　まず、ミスの発生原因が、教育をしていないことなのか、教育の仕組みの問題なのか、作業内容が明確になっていないからなのかなどを、確認していきます。この例では手順書はありますが、教育のタイミングと仕組みが上司の判断となっており、新任担当者への教育を行う仕組みを是正できれば、再発防止が図れます。

＜報告書＞

項目	不適合の報告内容
不適合の状況 (客観的事実)	廃棄物処理法の順守事項に関する不適合に対し、新任担当者のミスであると判断している。 新任担当者への教育のタイミングが明確に決まっていない。
不適合の根拠 (規格の表現を用いて)	不適合が再発しないようにするため、その不適合の原因を明確にできていない。 発生した不適合に対し、必要な処置が実施できていない。
条項番号	10.2　不適合及び是正処置

視点	インタビューするポイント　※質問する形式で
不適合の問題点を確認 (是正処置を考える)	ミスをした原因が明確でないのに、何を指導したでしょうか？　指導されていなかった原因が明確でないので、他の法規制にもミスが出るのではないでしょうか？
指摘した不適合について違う条項番号で指摘する可能性を考える	(想定) 新任担当者向けの教育体制が不備のまま放置されていないでしょうか？ ⇒有効性のある教育体制の拡充 マニフェストの保存忘れは、その１回だけでしょうか？ 以前にも同じようなミスはなかったでしょうか？
指摘した不適合以外の状況について (パフォーマンスの有効性) (システムの有効性)	・必要な法規制がすべて特定され、特定された法規制の要求事項をすべて順守していると、いえますか？ ・マニフェストの保存の仕方のルールを簡略化し、漏れが起きないように改訂するべきではないでしょうか？

問題

5. 監査員と被監査者のやりとりを分析して、次の報告書を埋めましょう。

工場の煙突から、黒い煙が出ています。推定される工場内の作業はありますか？

工場の生産ラインが緊急停止したので、余剰な水蒸気等を大気放出しています。想定されている手順なので、環境に問題はありません。製品品質の問題です。

余剰な水蒸気であれば、エネルギー的に問題ではありませんか？

ラインの緊急停止が起こると、タンク内部の圧力が高くなります。圧力を下げ、生産設備を守るためにタンク内部の気体を放出することが、工場の設備安全規則で決められています。水蒸気の他に中間原材料の大気放出も場合によっては行っています。

それでは、どのような中間材料をどのくらいの量で大気放出を行っているのですか？

大気放出されている物質は、測定していません。製造装置を保護するために、ガス状の物質を大気放出しています。

ラインの緊急停止時に、半製品の物質とその排出量を測定する必要はないのですか？

あくまでも緊急対応なので、月に数回発生する大気放出の記録はありません。

<報告書>

項目	不適合の報告内容
不適合の状況（客観的事実）	
不適合の根拠（規格の表現を用いて）	
条項番号	

視点	インタビューするポイント　※質問する形式で
不適合の問題点を確認（是正処置を考える）	
指摘した不適合について違う条項番号で指摘する可能性を考える	
指摘した不適合以外の状況について（パフォーマンスの有効性）（システムの有効性）	

解説

5. この事例では、ラインの緊急停止は非常事態という理由で、大気放出を行った半製品の物質と排出量が管理されていません。これでは、環境への影響として、エネルギーだけでなく化学物質の放出の可能性もあり、「環境パフォーマンス」を監視しているとはいえません。

　緊急停止とはいえ、定期的に発生している状況であることから、環境側面として特定する必要があり、その環境パフォーマンスを測定した上で、著しい環境側面に決定すべき要素である可能性もあります。

<報告書>

項目	不適合の報告内容
不適合の状況 (客観的事実)	緊急事態であるとはいえ、環境に影響する環境パフォーマンスを監視し測定していない。
不適合の根拠 (規格の表現を用いて)	環境パフォーマンスを監視し、測定し、分析し、評価しなければならない要求事項があるが、測定されていない。
条項番号	9.1.1　パフォーマンス評価

視点	インタビューするポイント　※質問する形式で
不適合の問題点を確認 (是正処置を考える)	・なぜ、環境パフォーマンス情報の監視・測定・分析を行わないのでしょうか？　問題がなければ、問題がない根拠を分析し評価しなければなりません。 外部コミュニケーションとして、大気排出の分析と評価を行い、近隣住民への説明責任があるのではないでしょうか？
指摘した不適合について違う条項番号で指摘する可能性を考える	・なぜ、環境側面を評価し、著しい環境側面か否かを評価しないのでしょうか？　事業継続のために、課題の是非を判断する必要があるのではないでしょうか？ ・組織は、事業継続のために環境への影響を把握して事業を継続しますが、品質問題と片づけてしまい、環境にも影響することを環境側面として取り上げていないといえないでしょうか？
指摘した不適合以外の状況について (パフォーマンスの有効性) (システムの有効性)	・環境影響を評価するためには、大気／排水／土壌／廃棄物／騒音／光などを監視し、測定し、分析し、評価することにより、初めて環境影響を維持することができるといえるのではないでしょうか？ ・事業を継続するためには、発生する事象を品質問題や化学物質の情報漏洩問題などと問題の特定プロセスで分けるのではなく、事象が環境へどのような影響をもたらすかを推定し、リスクや機会を特定し環境面の評価を行い、課題として取り上げることが必要ではないでしょうか？

トレーニング 3 条項番号指摘トレーニング　上級

トレーニングの狙いと考え方

トレーニング１と同様の形式です。基本的にトレーニング１は、対応する条項番号が１つでした。トレーニング３は、不適合のおそれがある条項番号が、複数考えられます。

「疑われる」「考えにくい」の表現のように、監査証拠が少ないため、絶対にこの条項番号で不適合にしなければならないという完璧な答えはありません。少ない監査証拠から目の付け所となる要求事項は何かを考えます。実際の監査の場面では、目の付け所からさらにインタビューを重ね、本質的な改善のポイントを考えていきます。

■サーキット図

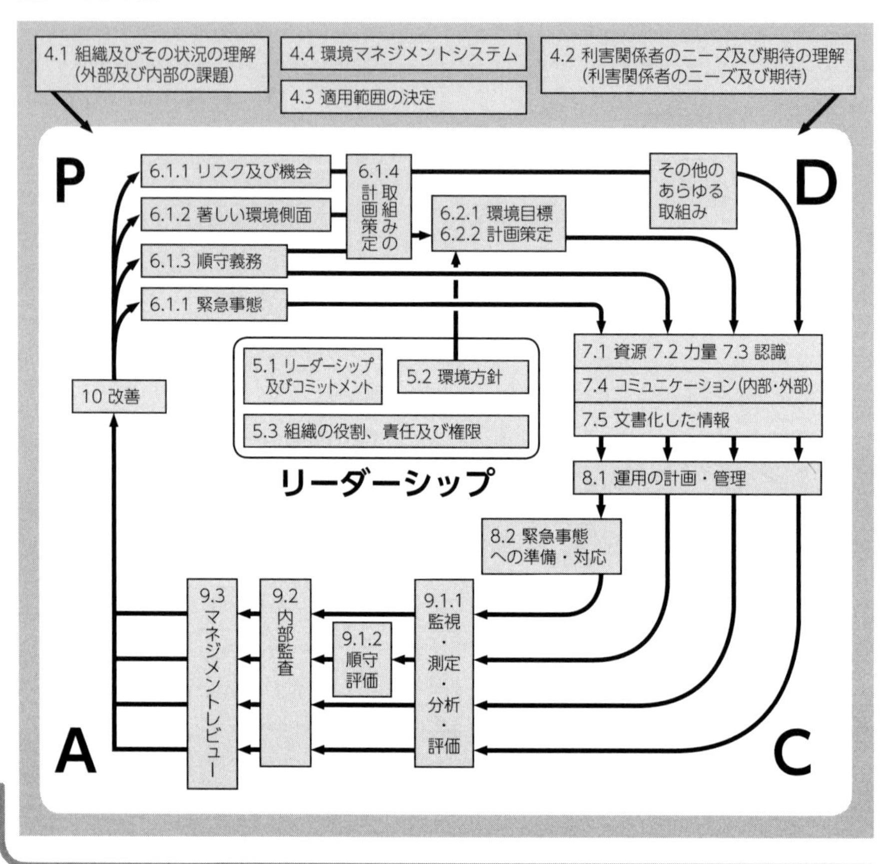

例題

次の事例の状況は、どの要求事項に対して不適合が疑われるでしょうか。その要求事項の条項番号を記入してください。最も疑われるものを１つ選び、他にも疑われる条項番号も考えてみてください。条項番号は 146 頁のサーキット図も参照してください。

例題１　基準を超える有害物質を含む排水を公共水域に流したが、その事実を工場が隠ぺいし、本社に報告されない。

最も疑われる条項番号：＿＿＿＿＿＿

他にも疑われる条項番号：＿＿＿＿＿＿

例題の状況は、明らかに法律違反があった状況です。

何らかの不適合があって、よくない状況であることははっきりしており、改善の必要性が非常に高いといえます。不適合の要因と考えられる複数の条項番号が疑われます。さらなるインタビューを重ねて、本質的な改善すべきポイントはどこにあるのかを突き止めることによって、最終的に不適合とする条項番号を決定していきます。

区分	条項番号	メモ
疑われる条項番号	7.4	環境影響の観点からも、組織の信頼を失う観点からも、大きなリスクとなり得る状況について、隠ぺいして組織内外のコミュニケーションプロセスが実施されなかった点に着目すれば、7.4 のコミュニケーションに関連する不適合が疑われます。
	8.1	基準を守って排水を行うという運用のためのプロセスが確立されていなかった、または実施されていなかったという点に着目すれば、8.1 での不適合が疑われます。
	9.1.1 9.1.2	有害物質の排出について監視していた、または順守義務の順守状況を評価しているプロセスにおいて、基準を超えることが確認された場合、その環境パフォーマンスを監視・測定するだけでなく、分析・評価を行えていなかった点でも指摘できると考えます。評価においては、監視・測定の結果に対応する要素も含まれます。
	10.2	基準を超える有害物質を排出したことは、不適合であると考えられます。不適合に対して、必要な是正処置が取られなかったという点で、10.2 の不適合が疑われます。
考えにくい条項番号	▲ 6.1.3	6.1.3 は、順守義務を決定するプロセスです。事例の状況だけでは判断しきれませんが、順守義務としての基準については把握できていたことが想定され、その意味では 6.1.3 以外の要求事項が疑われます。
	▲ 7.2	7.2 は力量に関する要求事項です。個人の責任になりがちな原因分析なので、仕組みとして指摘をすることが望ましいです。もちろん、さらなるインタビューを重ねれば、7.2 での指摘もあり得ますが、真の改善になるかを考えると、優先順位は落ちると考えられます。

問題

次の事例の状況は、どの要求事項に対して不適合が疑われるでしょうか。その要求事項の条項番号を記入してください。最も疑われるものを1つ選び、他にも疑われる条項番号も考えてみてください。条項番号は146頁のサーキット図も参照してください。

1. 環境方針について、新入社員研修では必ず説明しているが、中途採用の社員に対してはしていない。

最も疑われる条項番号：＿＿＿＿＿

他にも疑われる条項番号：＿＿＿＿＿

2. 3カ月の目標数値の未達を不適合としているが、発生した未達に対し、原因を特定しないまま目標設定の変更を行った。

最も疑われる条項番号：＿＿＿＿＿

他にも疑われる条項番号：＿＿＿＿＿

解説

1. 事例の状況は、環境方針の周知がされていないという状況で、はっきりしています。不適合が疑われる条項番号としては、5.2と7.3の2つが該当します。5.2では、環境方針を確立することが主に要求されています。そして、決定した環境方針を、組織内に伝達する要求事項があります。7.3では、組織内の人員に対して、認識を持つことが要求されています。認識を持つべき要素として、環境方針が挙げられています。これは、異なるプロセスでの要求事項が、結果として同じ内容を要求しているもので、規格要求事項の重複ともいえます。どちらで指摘をしても問題ありませんが、トップマネジメントから説明するようなルールとしているのであれば5.2が、受け入れ時の教育や、従業員への情報公開の仕組みとして不備があるならば7.3を、それぞれ根拠にして指摘するべきだといえます。

<table>
<tr><th>区分</th><th>条項番号</th><th>メモ</th></tr>
<tr><td rowspan="2">疑われる条項番号</td><td>5.2</td><td>「環境方針」は組織内に「伝達」する必要があり、組織内の全員へ説明し理解してもらう。不適合が疑われる要求事項が5.2にある。</td></tr>
<tr><td>7.3</td><td>「環境方針」は、組織の管理下で働く人々が「認識」することを、確実にする。不適合が疑われる要求事項が7.3にもある。</td></tr>
<tr><td>考えにくい条項番号</td><td>▲ 7.4.2</td><td>「環境方針」は環境マネジメントシステムに関する情報である。が、「伝達」と「認識」は必要であるが、双方向ではないため、そぐわない。</td></tr>
</table>

2. 事例の状況は、環境目標の達成に向けた取組みが不十分である状況です。不適合が疑われる条項番号としては、10.2と9.1.1の2つが該当します。事例の文章だけでは目標達成の取組みそのものの有効性（8.1などの観点）については判断ができませんが、実際の監査においては、未達の原因はどこにあるのかを追及していく姿勢が必要になります。

<table>
<tr><th>区分</th><th>条項番号</th><th>メモ</th></tr>
<tr><td rowspan="2">疑われる条項番号</td><td>10.2</td><td>「原因を除去するための処置をとる必要性を評価する」。必要性を評価するためには、処置を決定するがその前に、原因の特定が必要。</td></tr>
<tr><td>9.1.1</td><td>「測定、分析、評価」の意味は目標数値の未達を分析して、原因を明確にして評価をしてからでないと、「目標設定」の変更はすべきではない。</td></tr>
<tr><td rowspan="2">考えにくい条項番号</td><td>▲ 6.2.1</td><td>環境目標について、必要に応じて更新するという要求事項もあり、それを根拠にすることもできると考えられる。ただし、環境目標を達成していないことよりも、不適合に対する対応の方が、本質的に改善するべき内容であるといえる。</td></tr>
<tr><td>▲ 8.1</td><td>計画に沿って運用するプロセスと、実施後の結果に対するプロセスは別であり、本件はPDCAの（C）ないしは（A）と判断すべき。</td></tr>
</table>

問題

3. 工場廃液の処理槽の運転を、外部業者へ委託している現場監査で、業者が使用している運転手順書が旧版であり、その手順で運転していた。

最も疑われる条項番号：＿＿＿＿＿

他にも疑われる条項番号：＿＿＿＿＿

4. 近隣からの苦情を外部コミュニケーションの記録の対象と定めているが、この１年間で１件も記録がなかった。しかし、守衛への監査では、同期間に近隣から数回の苦情を受けていた。

最も疑われる条項番号：＿＿＿＿＿

他にも疑われる条項番号：＿＿＿＿＿

解説

3. 旧版の手順と、改訂された手順の違いについて、情報提供が正しくされていなかったシステムに問題があります。実際の運転への支障や、環境への悪影響が起こり得るリスクがある問題であった可能性もあります。

区分	条項番号	メモ
疑われる条項番号	8.1	廃液の処理槽の運転を外部業者に委託しているという、環境への影響が発生しうるプロセスの管理が必要な業務について、管理が行き届いていない状況であり、8.1 を根拠に不適合が疑われます。
	7.5.3	作成されていた運転手順書について、新しい版があるにもかかわらず、旧版の手順で運転されていた点は、文書化した情報の管理の面でも不適合が疑われます。要求事項では、必要な情報が必要なところで入手可能な状態でなければなりません。
考えにくい条項番号	▲ 9.1.1	運転は、廃液の処理槽に関するもので、監視・測定の内容を含むことが想定されますが、事例の表現だけでは監視・測定のプロセスであるかは判断できません。 監視・測定のプロセスであったとしても、8.1 による指摘が妥当だといえます。

4. 事業場の周辺住民は、重要なステークホルダーです。苦情から発展する公害問題もあり、苦情への対応を組織として誤れば、事業の存続にも関わる信頼失墜につながるリスクもあり得ます。コミュニケーションのプロセスに改善点がありそうです。

区分	条項番号	メモ
疑われる条項番号	7.4.3	外部コミュニケーションのために確立したプロセスが実施されていないことから、7.4.3 での不適合が疑われる。
	7.4.2	守衛から対応部門への内部コミュニケーションに不備があったと捉えれば、7.4.2 での不適合も疑われます。外部コミュニケーション、内部コミュニケーションに不適合が疑われるということは、それぞれ 7.4.1（一般）についても不適合が指摘できる根拠があると考えられます。
考えにくい条項番号	▲ 9.2	監査、おそらく内部監査であろう状況が想定されますが、内部監査の実施や手法に問題がある状況は確認できません。内部監査に関する要求事項での不適合は疑われません。

問題

5. 内部監査時に、法的点検が必要な事項の順守評価表に「〇」が付いていたため、その根拠を要求したところ、実際は法的点検を行っていなかった。

最も疑われる条項番号：＿＿＿＿＿

他にも疑われる条項番号：＿＿＿＿＿

6. 前回の内部監査で、「化学薬品が工場内の道路に漏れた場合の緊急対応手順書がない」と指摘を受けたが、指摘に対する検討記録が見当たらない。

最も疑われる条項番号：＿＿＿＿＿

他にも疑われる条項番号：＿＿＿＿＿

解説

5. 順守評価のシステムの目的は、順守義務を確実に実行することにあります。抜け漏れをチェックする仕組みが機能していなければ、順守評価の仕組みが機能していないことになります。事例の状況では、順守義務への取組みが実施されていなかった事実も明らかになっています。その観点での指摘もできそうです。

区分	条項番号	メモ
疑われる条項番号	9.1.2	順守評価において、正確な評価ができていない状況が疑われます。9.1.2 が不適合が疑われる根拠になります。
	9.1.1	順守評価も、監視・測定・分析・評価のプロセスであることから、9.1.1 も不適合を指摘する根拠になり得ます。
	8.1	法的に必要な業務プロセスが実施できていないことが確認できます。順守義務について実施するための必要なプロセスが確立できていないことに着目すると、8.1 を根拠に指摘することもできます。
考えにくい条項番号	▲ 10.2	事例は、順守評価の方法と手順に漏れがあった状況であり、是正処置の必要な不適合であるとまでは断定できません。

6. 内部監査を行う際には、前回の内部監査の結果を把握して、その点についての改善がシステムとして機能しているのか、点検する意義もあります。もちろん、年単位の内部監査のタイミングを待たず、是正処置を、期限を決めて実行したことを確認する必要がある場合もあるでしょう。そのプロセスもあわせて確認したい状況です。

区分	条項番号	メモ
疑われる条項番号	7.5.3	あるはずの記録がないという状況であれば、作成した文書化した情報の管理に問題がある点で、7.5.3 の不適合が疑われます。
	8.2	緊急事態として特定していて、それに対する計画がない状況ならば、8.2 での不適合が疑われます。
	10.2	前回の内部監査で指摘を受け、対応をしているのであれば、是正処置として記録されている可能性があります。不適合に対する原因究明と再発防止のプロセスが行われていない可能性が疑われます。
考えにくい条項番号	▲ 9.2	内部監査の実施や手法に問題がある状況は確認できません。内部監査に関する要求事項での不適合は疑われません。

問題

7. 法令で資格者を１名任命することを求められているが、資格者が退職してしまったため現在資格者がいない状態である。

最も疑われる条項番号：＿＿＿＿＿

他にも疑われる条項番号：＿＿＿＿＿

8. 内部監査の１カ月前に施行された環境法規制があった。しかし、被監査組織は法規制に該当する事項があるのに、これを知らなかった。

最も疑われる条項番号：＿＿＿＿＿

他にも疑われる条項番号：＿＿＿＿＿

解説

7. 法令で定められた資格者の任命ができていない事実は、法令に違反している状況です。順守義務が守られていない事実が明らかであり、それが力量にも関するものです。力量を維持する観点、順守義務を満たすためのプロセスが確立されていない観点、不適合を放置している観点での指摘が考えられます。

区分	条項番号	メモ
疑われる条項番号	7.2	法令で資格者を任命しなければならないということは、7.2 の要求事項であり、順守義務を満たす組織の能力に影響を与える業務に必要な力量を備えることができていない状況です。
	8.1	順守するべき法律が守られていない状況です。8.1 では、6.1 で特定した取組みを実施するために必要なプロセスを確立することが要求されていますが、そのプロセスが確立されていないことが指摘できます。
	10.2	法令で定められた資格者が不在となった事実は、不適合であるといえます。その不適合が顕在化したことについて、修正する措置が取られていません。さらに 10.2 の要求事項から、今後も必要な資格者が退職することによって、法令違反の状況が発生する可能性があり、再発を防止するための仕組みを作る必要があります。
考えにくい条項番号	▲ 8.2	退職は、顕在した事件や事故とは異なり、6.1.1 で特定し、8.2 で準備と対応が要求されている緊急事態とは性質が異なるため、8.2 の要求事項に対する不適合はそぐわないといえます。

8. 順守義務にあたる法規制について、組織として把握できていなかった事実があります。この事例の文章からは、その規制に対する不備があるかどうかは明らかになっていません。実際の内部監査においては、法規制への対応の不備があるかを、さらに確認していくことが重要になります。ただし、この監査証拠からは、法規制の特定のプロセスに不備があることについて、不適合が疑われます。

区分	条項番号	メモ
疑われる条項番号	6.1.3	組織の順守義務を決定するプロセスに不備があることから、6.1.3 における不適合が指摘できます。
	4.2	4.2 の利害関係者のニーズ及び期待の理解においても、組織の順守義務となるものを決定するプロセスが要求されており、指摘できる可能性があります。ただし、4.2 では、高いレベルでの決定が要求されているため、具体的な規制が把握されていない状況においては、6.1.3 の不適合が適切でしょう。
考えにくい条項番号	▲ 9.2.2	内部監査というキーワードから始まる状況であるが、内部監査のプロセスに不備がある事実はありません。むしろ、内部監査によって、順守義務が把握できていない状況が明らかになったのであれば、有効に内部監査プロセスが機能していることを示しています。
	▲ 8.1	問題の状況からは、その規制に対する不備があるかは明らかではありません。もしも、さらなる監査によって、対応できていない事実が明らかになった場合には、8.1 の不適合が疑われます。

問題

9. 産業廃棄物の保管場所に表示する掲示板に示した管理者として、実際には管理を行っていない、別の部門の責任者の氏名が記載されている。

最も疑われる条項番号：＿＿＿＿＿

他にも疑われる条項番号：＿＿＿＿＿

10. 全売上に占める、環境に配慮した製品の売上高の割合についての環境目標を定めているが、対象外の製品の売上が大きいことで未達となることが確実のまま、目標を据え置いている。

最も疑われる条項番号：＿＿＿＿＿

他にも疑われる条項番号：＿＿＿＿＿

解説

9. 廃棄物処理法で求められる掲示板の表示について、実態とは異なることから、何らかの不適合が指摘できます。ただし、実際に管理者が不在であるのか、法令の義務が正しく理解されていなかったのか、真の問題点はどこにあるのかは、さらに監査を進めていくことで、本当に指摘すべき条項番号が明らかになるでしょう。

区分	条項番号	メモ
疑われる条項番号	7.5.2	掲示板も文書化した情報の一つであると捉えれば、実際の体制とは異なる記述がされている可能性があります。文書化した情報が適切に記述されていない点に着目すれば、7.5.2 での不適合が指摘できます。
	7.2	問題の状況から、産業廃棄物の保管場所における管理者が不在である可能性が疑われ、保管管理を行う力量を有した者が決定されていない可能性が考えられます。
考えにくい条項番号	▲ 6.1.3	産業廃棄物の保管場所に掲示を掲げるという順守義務について、正しく理解されていない可能性がありますが、明らかに順守義務として決定されていなかったという状況ではありません。さらにインタビューを重ねることで、順守義務としての決定に不備があれば、6.1.3 での不適合も考えられます。
	▲ 8.1	実際の管理者が不在であったならば、8.1 での不適合も疑われますが、この点もさらに監査を行い、どのプロセスに問題があったのかによって、指摘する条項番号を決定したいところです。問題の表現だけでは断定しにくいでしょう。

10. 売上増加を目指す事業プロセスそのものに、環境配慮製品が貢献することを目標とする意味で、事業プロセスと統合された目標の一例であるといえます。しかし、割合を目標値とすると、母数となる数字の影響を受けて、環境への貢献となる指標を正しく捉えることができなくなる可能性もあり、絶対値の方が適している場合もあるでしょう。目標設定のあり方を含めて改善の余地があるといえます。

区分	条項番号	メモ
疑われる条項番号	6.2.1	6.2.1 には、環境目標を必要に応じて更新する要求事項があります。事業全体の売上が伸びている状況はよいことであるため、目標設定の指標のあり方を含めて見直しをするべきであると指摘できます。
	9.1.1	環境目標に関するパフォーマンスを監視している中で、9.1.1 では分析と評価の要求事項が含まれています。評価には、監視した結果から取るべき改善を行う要素も含まれています。
	10.2	環境目標が未達であることを不適合と捉えれば、その不適合に対する是正処置を行わず、放置している状況について指摘できます。
考えにくい条項番号	▲ 6.2.2	環境目標に関連することから、6.2.2 の環境目標を達成するための取組み計画についても検討する余地がありますが、問題の状況からは、取組みの計画に不備がある証拠は少ないでしょう。

問題

11. フロン排出抑制法の簡易点検の対象となる業務用エアコンについて、施設内にある 20 台以上のすべての機器をまとめて「問題なし」とした記録としている。

<フロン排出抑制法の補足説明>

・家電リサイクル法の対象以外の業務用エアコンは対象の機器である。

・保有する機器は、3 カ月に 1 回以上の頻度で簡易点検を行う義務がある。

・2020 年から施行された改正で、点検記録は廃棄後も 3 年間の保存義務がある。

・廃棄時には、フロン類の回収を専門業者に依頼して引取証明を受ける必要がある。

最も疑われる条項番号：＿＿＿＿＿

他にも疑われる条項番号：＿＿＿＿＿

解説

11. 実際の監査を想定すると、環境法令に関する理解がなければ、組織の改善につながる有効な監査も難しいことがわかります。ISO14001 のマネジメントシステムの要求事項に関する理解も必要ですが、特に順守義務を満たすという成果を得るためには、監査員自身が順守義務に関する正しい理解を得ておく必要があります。それは、監査員自らの組織における環境法令と、その対応を理解することから始めるべきでしょう。自組織で対応したもの、工夫した対応について、監査をしながら展開していくという視点も、重要な内部監査の意義になります。逆に、監査を行うことで、自組織に持ち帰って展開したい点にも気が付けるはずです。

区分	条項番号	メモ
疑われる条項番号	8.1	6.1.3 で特定した順守義務を満たすための取組みを実施するためのプロセスが確立されているが、現在の仕組みでは不十分であることを指摘できる。
	7.5.2	簡易点検の記録も文書化した情報の一つであると捉えれば、文書化した情報が適切に作成されていないという点で、7.5.2 での不適合が指摘できる。 機器それぞれに更新の判断がされることが、将来的には想定され、また、フロン排出抑制法では、廃棄後も 3 年間の保存義務があることも考慮すれば、機器全体としての記録ではなく、機器ごとに作成する必要性が高い。紙媒体での記録が適切でなければ、記録を電子化することも含めて検討できるだろう。
考えにくい条項番号	▲ 10.2	改善の余地がある、不適合ともいえる状況であるが、組織としては、不適合と認識した上での是正処置を行っている状況ではないことから、問題の状況に対して 10.2 の指摘は想定されない。
	▲ 6.1.3	フロン排出抑制法に基づく点検の必要性と目的について、正しく理解されていない可能性があるが、明らかに順守義務として決定されていない状況ではない。さらにインタビューを重ねて、順守義務としての決定に不備があれば、6.1.3 での不適合も考えられる。

巻末　理解度確認テスト

この本を読み、内部監査員として十分な力量を持っているか、理解度確認テストで測ってみましょう（全40問・各1点）。

問題1

次の文章が正しいかどうか、○×で判断をしてください。

1．監査に関する理解について

番号	番号	○×
1	監査とは監査基準が満たされている程度を判定するために、監査証拠を収集し評価するプロセスである。	
2	内部監査は、組織に所属する人員が行わなければならない。	
3	インタビューの回答は監査証拠に含まれない。	
4	ISO14001の内部監査における監査基準は、ISO14001のみである。	
5	不適合とは、要求事項（基準）を満たしておらず、是正が必要であることである。	
6	内部監査は、管理職ならば誰でも実施することができる。	
7	内部監査で指摘した観察事項（改善の機会などとも呼ばれる）は、必ず実施しなければならない。	

2．ISO14001の主要な用語の理解について

番号	文章	○×
1	利害関係者とは、顧客を含まない。	
2	適用範囲とは、組織の判断で特定組織を除外できる。	
3	環境方針とは、環境目標とまったく別物でもよい。	
4	環境側面とは、組織が扱う製品とは無関係である。	
5	順守義務とは、法規制を守ることで、社内規則は該当しない。	
6	是正処置とは、指摘された事実のみ対応する対症療法である。	

／40点

問題2

規格が要求するプロセスを簡潔にランダムに並べました。各プロセスについて、該当する要求事項の条項番号を記入してください。本書の24頁のサーキット図を確認しながらでも構いません。

番号	規格が要求するプロセス	該当する要求事項
1	文書化した情報を、作成、更新し、管理する	
2	不適合に対して是正処置を行う	
3	内部監査を実施する	
4	内部・外部のコミュニケーションプロセスを確立して対応する	
5	調達先や請負者などの外部提供者に対して、必要な情報伝達などで管理する	
6	組織の管理下で働くすべての人々が、認識をもつようにする	
7	組織の「利害関係者のニーズ及び期待」を決定する	
8	組織の「外部及び内部の課題」を決定する	
9	組織の「リスク及び機会」を決定する	
10	潜在的な緊急事態を決定する	
11	順守義務について、満たしていることを評価する	
12	6.1及び6.2の取組みの実施に必要なプロセスを確立して実施する	
13	緊急事態に対してテストやレビューを行うなどの準備をし、対応する	
14	環境目標を達成するための計画を立てる	
15	環境目標を確立する	
16	環境法令などの順守義務を決定する	
17	環境側面のうち、設定した基準を用いて著しい環境側面を決定する	
18	環境側面と環境影響を決定する	
19	環境マネジメントシステムの適用範囲を確立する	
20	環境パフォーマンスを監視・測定・分析・評価する	
21	環境パフォーマンスに影響を与える業務について力量を持つことを確実にする	
22	外部委託したプロセスを管理する	
23	リスク及び機会、著しい環境側面、順守義務への取組みを計画する	
24	マネジメントレビューを実施する	
25	トップマネジメントが環境方針を確立する	
26	トップマネジメントが環境管理責任者にあたる役割を割り当てる	
27	トップマネジメントがリーダーシップを実証する	

巻末 理解度確認テスト 解説

問題 1

問題に出た内容は、内部監査をするにあたって把握しておくべき基本的な要素になります。

1.

番号	○×	解説
1	○	正しい説明です。さらに加えるならば、客観的なプロセスであるといえます。
2	×	組織の代理で外部関係者が行う場合も認められます。
3	×	監査証拠は、マニュアルや記録などの文書に限られません。
4	×	ISO14001 だけでなく、組織の定めた規定なども含まれます。
5	○	正しい説明です。
6	×	組織の定めた力量を持つ者が内部監査を実施できます。
7	×	被監査組織にて検討し、実施しない場合もあり得ます。

2.

番号	○×	解説
1	×	製品及びサービスで、利害関係にあります。
2	○	ただし、順守義務を逃れるための除外は、用いないほうがよいでしょう。
3	×	環境目標は環境方針と整合をとる必要があります。
4	×	組織の製品やサービスの要素を、環境側面といいます。
5	×	法規制だけでなく、社内規則や近隣住民との協定なども含みます。
6	×	対症療法ではなく、原因を明確にすることで再発防止につながる対応が必要です。

問題2

要求事項の条項番号を、すべて暗記している必要はありません。ただし、サーキット図を頭に浮かべながら、各プロセスがどのあたりの大分類に該当するかは把握して、本書を見て、該当する要求事項がさっとわかる程度には理解をしておいてください。さらに監査を進めていくためのヒントが、該当する要求事項の中にもあるはずです。

番号	規格が要求するプロセス	該当する要求事項
1	文書化した情報を、作成、更新し、管理する	7.5
2	不適合に対して是正処置を行う	10（10.2）
3	内部監査を実施する	9.2（9.2.1）
4	内部・外部のコミュニケーションプロセスを確立して対応する	7.4
5	調達先や請負者などの外部提供者に対して、必要な情報伝達などで管理する	8.1
6	組織の管理下で働くすべての人々が、認識をもつようにする	7.3
7	組織の「利害関係者のニーズ及び期待」を決定する	4.2
8	組織の「外部及び内部の課題」を決定する	4.1
9	組織の「リスク及び機会」を決定する	6.1.1
10	潜在的な緊急事態を決定する	6.1.1
11	順守義務について、満たしていることを評価する	9.1.2
12	6.1 及び 6.2 の取組みの実施に必要なプロセスを確立して実施する	8.1
13	緊急事態に対してテストやレビューを行うなどの準備をし、対応する	8.2
14	環境目標を達成するための計画を立てる	6.2.2
15	環境目標を確立する	6.2.1
16	環境法令などの順守義務を決定する	6.1.3
17	環境側面のうち、設定した基準を用いて著しい環境側面を決定する	6.1.2
18	環境側面と環境影響を決定する	6.1.2
19	環境マネジメントシステムの適用範囲を確立する	4.3
20	環境パフォーマンスを監視・測定・分析・評価する	9.1.1
21	環境パフォーマンスに影響を与える業務について力量を持つことを確実にする	7.2
22	外部委託したプロセスを管理する	8.1
23	リスク及び機会、著しい環境側面、順守義務への取組みを計画する	6.1.4
24	マネジメントレビューを実施する	9.3
25	トップマネジメントが環境方針を確立する	5.2
26	トップマネジメントが環境管理責任者にあたる役割を割り当てる	5.3
27	トップマネジメントがリーダーシップを実証する	5.1

あとがき
― AFTERWORD ―

本書では、「ISO14001 は道具にすぎない」ということを、一貫して伝えてきました。また、一方で、「ISO14001 の規格要求事項の正しい理解」ための解説やトレーニングに多くのページを割いています。

「ISO14001 は道具にすぎない」
「ISO14001 の規格要求事項の正しい理解」
この二つは、一見矛盾するようにみえて、矛盾しません。

ISO14001 は、①環境パフォーマンスの向上、②順守義務を満たすこと、③環境目標の達成、この三つの意図した成果を達成するシステム、すなわち、「道具」です。そして、この「道具」を使いこなすには、「道具」のキモである規格要求事項の「正しい理解」が必要です。
本書のトレーニングでは、規格のどの条項で不適合になるかを判断する訓練を繰り返し行います。トレーニングを終えた頃には、環境マネジメントシステムとしての「道具」の使い方を十分にマスターされているはずです。

さらに、ISO14001 は、その「正しい理解」によって、環境以外の取り組みにも使える「道具」となり得ます。使い方次第では、きわめて応用力の高い「道具」なのです。

本書を最後までお読み頂きありがとうございました。

著者の所属する株式会社ユニバースでは、本書をメインテキストとした e- ラーニング講座を開設しました。本書を読むだけでは理解しにくい部分を、講義やトレーニングで理解する、１日で受講可能なコースです。詳しくは、ユニバースのホームページをご覧ください。

企業の環境、廃棄物のマネジメント分野のスペシャリストであるよう、活動を続けていきます。本書が、みなさまの気づきにつながれば、幸いです。

子安 伸幸

著者プロフィール

株式会社ユニバース

子安 伸幸（こやす のぶゆき）

twitter：@NKoyasu

産業廃棄物管理を中心とする環境コンサルティング企業、株式会社ユニバースのチーフコンサルタントとして、企業環境リスクに関する危機管理のためのコンサルティングや人材育成を手掛ける。セミナー講師・企業担当者のアドバイザーとして、年間3000人以上にプレゼンテーションを行い、クライアントの危機管理意識向上や対策等を立案・指導している。

千葉大学工学部卒。

環境省「人材認定等事業」である産業廃棄物適正管理能力検定を手掛ける、一般社団法人企業環境リスク解決機構の理事 兼 事務局長も務める。

著作に『トラブルを防ぐ産廃処理担当者の実務』（2013年9月　日本実業出版社）、『最新版 図解 産業廃棄物処理がわかる本』（2018年10月　日本実業出版社）、『産業廃棄物適正管理能力検定 公式テキスト 第5版』（2022年3月　第一法規）他。

https://universe-corp.jp/

https://www.cersi.jp/

著者による、本書をテキストにしたオンライン内部監査員養成講座あり！

詳しくはこちらから→

サービス・インフォメーション

通話無料

①商品に関するご照会・お申込みのご依頼
TEL 0120(203)694／FAX 0120(302)640
②ご住所・ご名義等各種変更のご連絡
TEL 0120(203)696／FAX 0120(202)974
③請求・お支払いに関するご照会・ご要望
TEL 0120(203)695／FAX 0120(202)973

●フリーダイヤル(TEL)の受付時間は、土・日・祝日を除く9:00〜17:30です。
●FAXは24時間受け付けておりますので、あわせてご利用ください。

図解と実践トレーニングでわかる！ ISO14001内部監査

2020年10月15日　初版発行
2024年6月10日　初版第5刷発行

著　者　子安伸幸
発行者　田中英弥
発行所　第一法規株式会社
〒107-8560　東京都港区南青山2-11-17
ホームページ　https://www.daiichihoki.co.jp/
デザイン　タクトシステム株式会社
印　刷　シナノ書籍印刷株式会社

ISO内部監査　ISBN 978-4-474-07189-6　C2036（4）